셧 클락
건축을 품다

섯 클릭 건축을 품다 : 건축사진가 김재경의 현장 노트
/ 김재경. — [파주] : 효형출판, 2013
    p. ;   cm

ISBN 978-89-5872-116-1 03540 : ₩14,000

건축 사진[建築寫眞]

668.861-KDC5
778.94-DDC21   CIP2013001346

셧 클락
건축을 품다

건축사진가 김재경의 현장 노트

효형출판

머리말

요즘 지하철 풍경이 달라지고 있다. 예전에는 자리에 앉아 혼자 망상에 빠지거나 눈을 감고 피곤함을 달래는 것이 전부였는데(그나마도 앉아야만 누릴 수 있는 호사였다), 오늘날의 사람들은 자리에 앉든 서 있든 저마다의 휴대전화를 들여다보며 시간을 보낸다. 손에 쥐여진 작은 전자기기 속에는 옛날 사람들로서는 상상도 못할 세계가 들어 있다. 시간과 공간이 압축된 또 다른 세계가 그곳에 펼쳐져 있다.

기계 시대를 거쳐 디지털 시대로 진입한 카메라는 광학 기술의 발전에 힘입어 인간의 시야를 더욱 넓혀주었다. 최근에 출시된 휴대전화에는 대부분 고성능 카메라가 내장되어 있다. 디지털 방식은 일반 사진뿐 아니라 건축사진 촬영에도 폭넓게 활용되고 있다. 35mm 풀 프레임 디지털카메라의 보급이 건축사진의 필수 장비였던 뷰카메라의 당위성을 뒤로하고 새로운 시대를 연 것이다. 디지털 방식은 여러 가지 월등한 장점을 무기로 아날로그에서 디지털 시대로의 교체를 재촉하고 있다. 이른바 이미지 민주화 시대의 도래다. 그러나 손쉽게 그리고 빠르게 이미지를 기록하고 삭제할 수 있다는 것이 반드시 좋은 것만은 아니다. 그러한 편리함과 신속함에 익숙해지다 보면 우리의 사유가 머물 장소와 시간은 그 존재의 의미를 잃을 수밖에 없기 때문이다.

이 책에서 필름 시대의 기술적인 이야기는 되도록 생략하려고 한다. 매뉴얼 북처럼 복잡한 설명이 얼마나 도움이 될까. 다만 꼭 필요한 경우에는 쉽게 풀어서 설명할 것이다. 또 하나 언급하고 싶은 것은 그토록 많은 디지털사진 후처리 프로그램 중에서 실전에서 쓰이는 것들은 몇 안 된다는 것이다. 그 도구들을 제외한 나머지는 독자들의 보편적 디지털 지식에 의존하고, 대체로 촬영 현장에서 느낀 점이나 그에 대한 이야기로 채우려고 한다. 다양한 상황에서 건축사진을 잘 찍기 위한 방법, 왜 그것을 찍어야 하는지 등에 대해 함께 생각해보는 기회가 되길 바란다.

다소 낯선 분야인 건축사진을 독자에게 효과적으로 전달하기 위해서, 구성상 '전시회'라는 콘셉트를 활용하였다. 총 8장으로 구성된 이 책을 하나의 건축사진 전시회로 생각하고, 편안한 마음으로 건축사진의 세계를 둘러보면 좋을 것이다.

1장 「건축사진 찍기와 읽기」는 어떤 과정을 거쳐서 건축이 완성되었는지 그 내용에 다가설 수 있는 출발점을 제공한다. 첫걸음은 바로 건축사진에 담겨 있는 많은 이야기들에 다가서는 일이다. 2장 「오늘의 공간」은 현대건축을 찍기 위한 기술적인 이야기를 담았다. 다소 무거운 내용일 수도 있지만 건축사진의 뼈대를 이루는 것이므로 독자의 인내심이 필요한 장이다. 3장 「역사의 공간」은 이 땅의 사람들이 대대로 지어 살던 전통건축에 담긴 이야기다. 옛사람들이 건축에 투사한 의도를 읽어내 사진에 담으려는 바람이 담겨져 있다. 4장 「도시의 공간」은 우리가 사는 이 시대의 공간인 도시의 건축적 상황들에 관한 이야기다. 계획된 도시의 공간에는 수많은 틈새들이 존재하며 이 모두가 전체를 형성한다. 형식과 비형식이 뒤섞여 상보적 관계를 형성하는 것이다. 5장 「가상의 공간」은 향후 지어질 건축 이야기로, 꿈이 담겨 있다. 작은 크기의 건축모형은 건물이 실제로 지어지기 이전의 모습을 보여준다. 6장 「사유의 공간」은 필연적으로 세계와 관계를 맺을 수밖에 없는 건축의 이야기로, 이 장에서는 건축과 도시에 던져진 질문에 답을 해보는 것도 좋다. 7장 「건축, 사진 이야기」는 둘 사이의 관계를 해체적으로 살펴 더 나은 실마리를 찾아나가려는 시도이다. 익숙한 관점에서 벗어나 무엇이 건축사진을 만들어내는가를 탐색해보고자 한다. 8장 「건축사진 찍기의 기본」에서는 알아두면 좋을 기본적인 내용들을 소개한다. 필요하다면 이곳을 먼저 읽고 첫 장으로 넘어가도 좋다.

부족한 원고를 꼼꼼하게 읽어준 사진가 우종덕님에게 감사의 말씀을 드린다.

2013년 3월 11일

김재경

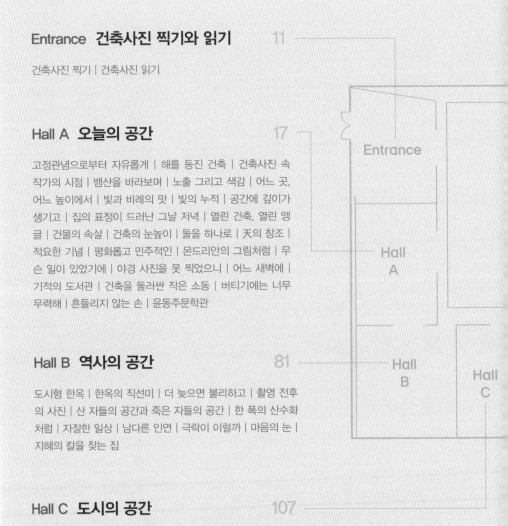

CONTENTS

Entrance

ENTRANCE

건축사진
찍기와 읽기

건축사진
찍기와 읽기

건축이 완성되면 사람들은 그 모습을 사진으로 기록한다. 다른 사람들에게 그것을 보여주기 위해서다. 각 분야에는 저마다 필요로 하는 소통 수단이 있기 마련이다. 건축의 경우는 주로 이미지를 통해 소통이 이루어진다. 그래서 흔히 건축사진이라 하면 그 소통을 위해 사용되는 사진들을 말한다.

이러한 사진 속 건축에는 우리네 삶의 풍경이 고스란히 담겨 있다. 별 매력이 없어 도무지 사진에 담길 것 같지 않은 평범한 건축에도 나 또는 우리 이웃들의 이야기가 담겨 있다. 전체로서의 건축 환경은 이 모두를 포괄한다. 우리 삶과 관계한 것들을 살펴 읽고 건축사진을 시작한다면 더욱 의미 있는 작업을 할 수 있을 것이다.

건축사진 찍기

건축사진가가 일을 맡게 되는 경로는 다양하다. 그중 건축가와 건축 잡지, 건축 시공사, 건축주, 건축사 사무소와 디자인 사무소, 광고 회사 등으로부터 촬영 작업을 의뢰받는 경우가 큰 비중을 차지한다. 또 보유한 건축사진에 대한 사용 요청을 받을 때도 있다. 그 경우 사용권은 주문자에게 있고 나머지는 약정 사항에 따른다. 보통 사유 재산인 건축물 사진을 찍을 때는 건축주에게, 공공 건축물 사진은 그 사용 주체로부터 촬영 허가를 얻어야 하는데, 그 과정이 생각처럼 간단치 않다. 그러나 건축사진가는 주문자가 미리 사용자 측에 촬영 동의를 구해놓기 때문에 현장에서 적극적인 협조를 받으며 작업에 임할 수 있다. 이것이 건축사진가와 일반 사진가의 차이점이다.

의뢰를 받고 현장이 연결되면 그곳의 상황과 날씨, 납기일 등을 고려해 촬영 일정을 정하고 작업에 들어간다. 촬영은 대부분 순조롭게 진행되지만, 간혹 몇 가지 일들이 뒤엉켜 마무리가 늦어지기도 한다. 한 건물의 사진 촬영을 의뢰받으면 대체로 최종 서른 컷 내외의 사진을 납품한다. 물론 현장에서 찍는 사진이 그것보다 많다는 것은 두말할 필요가 없다. 현장에 도착해 작업이 시작되면 이때부터는 머리가 바삐 돌아간다. 건축가의 의도를 잘 드러내기 위한 사진을 어느 각도에서 언제, 어떻게 찍을 것인지를 고민해야 한다. 이를 위해 촬영자는 현장의 조건에 따라 안팎으로 들락거리며 사진을 찍게 된다.

필름 시대에는 현장을 계속 방문하는 것이 예삿일이었다. 만족스러운 사진을 얻을 때까지 현장을 떠나기가 어려웠기 때문이다. 반면 디지털사진은 촬영한 데이터를 후처리하는 과정에서 보완하거나 수정할 수 있기에 마음의 부담이 적은 편이다. 그러나 필름이든 디지털이든 마음에 드는 사진은 아무 때나 얻을 수 있는 것이 아니다. 현장마다 조건이 다르니 상황을 예측하여 촬영할 때를 기다려야 하고, 자투리 시간을 이용해 다른 곳에서 찍을 사진을 찾아 하나씩 작업을 완성해가야 한다. 또 하나, 저녁 촬영 시 실내 점등이 이루어지는 등의 동의와 협조가 있어야 하는 것이다. 가끔 건축주가 입주하기 직전에 준공된 건축물을 사진으로 남겨달라고 요청하는 경우도 있다. 집주인의 가구와 물건 들이 들어오지 않은 그때야말로 설계자의 디자인 의도가 가장 명확히 드러나는 순간이기 때문이다.

실제 촬영이 이루어지는 현장은 사진에 찍힌 것처럼 말끔하지는 않다. 납기일에 쫓겨 늘 분주한 시공 현장은 여러 공정이 동시에 마무리되는 경우가 대부분이다. 전기, 배관, 설비 점검, 페인트칠, 청소 등의 작업을 하는 사람과 도구뿐 아니라, 준비성 많은 건축주가 이사에 앞서 미리 짐까지 옮겨놓기 시작하면 정말 정신이 없다. 촬영자의 치밀함과 순발력, 인내심이 발휘되어야 할 때다. 물론 모든 것이 안정된 상태에서 쾌적하게 사진 작업을 할 수 있는 상황도 있다. 분명한 것은 의뢰받지 않은 상태에서 건축사진을 잘 찍기에는 여러 현실적인 제약이 따를 수밖에 없다는 사실이다.

건축사진 읽기

인류의 기원이 언제, 어디서 시작되었는지 이를 목격한 사람은 아무도 없다. 외부로부터 스스로를 보호하고 생존을 위해 먹고, 자고, 입는 몇 가지 원초적 활동만을 영위했을 그들을 떠올려보자. 그러나 시간이 흐르면서 집은 단순히 안전을 위한 공간 이상의 의미를 지니게 되었고, 이제 건축은 삶의 질과 정신의 고양, 나아가 우리의 미감을 충족시키기 위한 디자인으로서 존재하기 시작했다. 지역에 따라 풍토에 완벽히 적응한 건축을 제외한 일반 건축의 바탕에는 언제나 건축의 태생적 속성이 복병처럼 자리한다. 그 속성이란 건축의 표현 의지, 즉 삶의 필요를 초월한 건축의 미학적 성취라 할 수 있다.

건축은 삶을 재조직하는 데 기여한다. 삶이 빠진 건축 디자인은 공허할 수밖에 없다. 기념적인 건축 역시 인물, 삶, 사건, 의미 등을 기리기 위한 것임을 보면 이 또한 삶을 이야기하는 것임을 알 수 있다. 좋은 건축은 건축의 미학적 요건 그 이상의 가치를 지니고 있는 것이다. 물리적 효용을 제외하고도 건축에 다른 가치가 남아 후차적 존재 이유를 드러낸다면, 그것으로 건축은 역사성과 예술성을 획득하는 것이다. 건축가는 건축의 실용성을 구현하고 현실적 대안을 제시한다. 그리고 그 속에 자기표현의 알레고리를 심는다.

일반 사진가는 사진의 자기표현을 위해 건물과 건축을 매개로 활용한다. 이런 작업 방식은 건축가의 의도보다 순전히 사진가의 자기 의도 또는 건축만을 표현의 대상으로 삼는 것이다. 그러나 건축사진가는 마주한 건축에서 건축가의 의도를 읽고 그것이 효과적으로 드러나게 사진에 기록한다. 자신이 느끼고 이해한 바를 투영해 그 건축의 의도를 읽고 사진에 담는 것이다. 따라서 건축사진에서 건축가와 사진가의 자기표현과 의지를 읽어냈다면 '건축 제대로 읽기'에 성공한 것이다. 점차 복잡하고 미묘해지는 현대사회에서 건축이 사회와 어떤 관계를 맺고, 또 어떤 가치를 구현하려 하는지 독해한 후에 남겨진 사진이야말로 건축이 바라는 건축사진에 가까운 모습일 것이기 때문이다.

Hall A

오늘의
공간

「오늘의 공간」에 걸려 있는 사진은 현대건축 사진이다. 십여 년 사이 한국의 건축 규모는 놀랍도록 커졌다. 그러나 건축 시장이 비대해질수록 건축은 진정성보다 사업성으로 점철되어 간다. 인간의 삶이 스며들지 않은 건축은 진정 살아 있다고 볼 수 없다. 현대건축에 녹아 있는 이야기를 카메라에 담기 위해서는 어떠한 노력과 기술이 필요한지 그리고 이들이 조합된 사진은 어떤 모습인지 현대건축 사진을 보며 함께 이야기해보자.

오늘의
공간

건축 기술은 건축 재료의 변화와 함께 발전해왔다. 옛날에는 흙, 나무, 돌, 벽돌 같은 원초적 재료를 이용해 건물을 지었다. 이것들을 포개고 쌓아 중력에 견디며 무너지지 않는 건물을 세우는 것이 건축의 최선이었다. 그러나 시대에 따른 건축 기술의 발전으로 콘크리트와 철이 등장했고, 이로써 보다 튼튼하며 높고, 자유로운 공간을 만들 수 있게 되었다. 고딕의 창이 그랬듯이 구조로부터 자유로워진 벽체는 유리로 메워졌고, 현대도시는 낮과 밤에 그 표정을 달리하게 되었다. 도시의 생활은 시간에 상관없이 불을 밝힌 채 서로를 확인하고 또 확인해야 하는 바쁜 삶이다. 건축이 우리의 삶을 규정지은 것인지, 우리의 삶이 건축에 반영된 것인지 그 인과관계를 여기에서 논하지는 않겠다. 변하지 않는 사실은 건축이 우리의 삶을 수용하는 커다란 그릇이라는 점이다.

고정관념으로부터 자유롭게

무주 설천면 길가 버스정류장. 영화의 한 장면 같은 이 사진은 수차례의 방문 끝에 얻었다. 사진 작업을 위해 무주를 방문할 때마다 텅 빈 정류장을 매번 지나쳐야만 했다. 생각 같아서는 버스정류장을 이용하는 주민들이 함께 찍힌 사진을 얻고 싶었으나 잠깐씩 스쳐지나가는 사람과 마주치기란 쉽지 않았다. 마을 주민의 수가 적어 평소 버스가 드문드문 오기 때문이었다. 어느 날 설천면의 다른 곳에 있는 곤충박물관을 향해 가던 중에 차를 세우고 오늘은 어떨지 하는 기대감으로 주위를 살펴보니 저 아래에서 분홍색 옷을 차려입은 아주머니가 올라오고 있었다. 처음 대하는 풍경이었기에 눈이 번쩍 뜨였다. 얼른 차에서 내려 기쁜 마음으로 달려가 사정을 말한 후 모델이 되어주시기를 부탁했다. 그리고 연달아 오는 이를 기다려 이 사진을 얻었다. 이 마을의 주민들 모두는 시간에 맞춰 오가는 버스에 익숙했고, 아주머니들은 버스 시간에 맞춰서 나온 것뿐이었다. 그런 일상의 자연스러운 모습이야말로 가장 포착하기 어려운 순간이 아닐까. 건축은 그렇게 평범한 일상 속에서도 제자리를 지키고 있음으로써 제 역할을 수행한다. 한적한 곳에 있는 작은 정류장이 공공에 기여하는 아름다운 건축으로 거듭난 것이며, 그 모습이 사진으로 완성되었다.

건축을 기록하고 이해하기 위해서는 사진에서 수직과 수평이 잘 맞아야 한다는 고정관념으로부터 자유로워질 필요가 있다. 도심의 건축사진은 대부분 건물이 크거나 주변 상황이 여유롭지 않기 때문에 광각 렌즈廣角 lens*를 기본적으로 사용하게 되지만, 건물이 작거나 한 건물에 여러 장의 사진을 찍어도 된다면 상황에 맞추어 일반 카메라와 렌즈로도 좋은 사진을 찍을 수 있다. 이 사진 또한 일반 카메라를 이용해 찍은 것으로, 건축과 우리의 삶을 담는 데 전혀 부족함이 없어 보인다.

---

* 넓은 각도의 시야를 가진 렌즈로 와이드 렌즈(wide lens)라고도 한다. 초점거리가 짧고 초점심도가 깊으며, 큰 대상물을 촬영할 때 쓰인다.

해를 등진 건축

국립암센터는 조달청에서 발주한 공사 완료 증빙을 위해 찍어야 할 사진 중 하나였다. 여러 곳을 묶어서 하루 안에 사진 촬영을 마쳐야 하는 일정으로, 일정상 다른 몇 곳을 들러서 촬영을 하고 오니 건물은 이미 해를 등지고 있는 상황이었다. 게다가 건물 일부는 아직 햇볕을 받고 있었고 사진 왼쪽 하단에서 오른쪽 상단까지 노출 차이가 각각 달라 난감하기만 했다. 지방에서 출장 온 담당 공무원은 좌측 하단에 보이는 의자에 앉아서 마지막 사진 촬영이 끝나기를 기다리고 있었다. 주어진 시간은 때로

보나 양으로 보나 여의치 않았다. 하지만 방법은 있다. 노출 차이를 주어 여러 장을 찍은 후 한 장의 사진으로 완성하면 된다.

먼저, 우측의 밝은 곳에 노출을 맞춰 사진을 찍는다. 2/3 스톱(1단계는 3등분으로 나뉘며 그중 2/3을 뜻함. 1단계는 많고 경험상 2/3가 효과적이기 때문)씩 타임을 오버(어두운 곳을 밝게 찍어놓아야 한다. 후처리 과정에서 이 부분이 어둡게 찍힌 곳을 대체해야 하기 때문) 쪽으로 늘리며 브래키팅^{bracketing}*한다. 좌측 하단까지 노출 차이가 심하여 네 장을 찍었다.

그 후 디지털 현상 프로그램을 이용하여 모든 사진을 찍혀 있는 원래의 농도대로 현상한다. 각각의 사진을 포토샵에 띄워놓고, 두 번째 찍은 사진 위에 우측이 알맞게 촬영된 첫 번째 사진을 옮겨놓는다. 지우개 툴은 크고 부드러운 솜뭉치 모양을 선택한다. 지우개로 앞쪽 건물의 지붕선 위에서 사진 우측 하단의 코너까지 대각선 방향으로 스치듯 지나며 좌측을 지우면 된다. 이때 지우개의 농도는 필요에 따라 100%로 선정 후 단번에 지우는 방법이 있고, 점차 옅은 농도부터 여러 번에 걸쳐 지워가는 방법이 있다. 그다음에 레이어를 겹치고 첫 번째 사진에 저장한다.

세 번째로 찍은 사진을 열고, 앞에서 작업한 첫 번째 사진을 옮겨서

---

* 좋은 사진을 찍기 위해 적정 노출값(노출계가 지정하는 노출값)을 중심으로 한 단계 높은 노출값 그리고 한 단계 낮은 노출값으로 각각 촬영하는 것을 말한다. 익스포저 브래키팅(exposure bracketing)의 줄임말이다.

** 한 장면 안에 노출 차이가 큰 영역이 존재할 때, 다양한 노출 측광으로 여러 장의 사진을 촬영한 후 이를 병합하여 모든 영역의 노출이 제대로 잡힌 사진을 연출하는 것이다.

그 위에 겹친다. 이번에는 '국립' 글자부터 도로의 '후문'이란 글자까지 위의 과정대로 좌측을 지워낸다. 레이어를 겹쳐 다시 첫 번째 사진에 저장한다. 마지막으로 네 번째 찍은 사진을 열어, 앞에서 작업한 첫 번째 사진을 옮겨서 또다시 그 위에 겹친다. 이번에는 좌측 하단 건물의 캐노피부터 검은색 자동차 앞부분 정도까지 위의 과정대로 지우면 된다. 레이어는 겹치고 첫 번째 사진에 저장한다.

이렇게 겹쳐가며 지우는 방법은 사람이나 대상의 움직임이 적을 때가 좋다. 그 이유는 지우개가 지나가는 경계 부분은 옅게 겹쳐지므로 조심하면 되지만, 다른 곳은 온전한 형태를 유지해야 하기 때문이다. 일반적인 건축사진에서 HDR**은 부분적인 용도 외에 사용하지 않는 것이 자연스럽다.

건축사진 속 작가의 시점

돌마루공소는 건축가 승효상의 작품으로 신부님이 상주하지 않는 작은 성당이다. 승효상 건축의 선언서라 할 수 있는 『빈자의 미학』(미건사, 2002)에 이 사진을 제외한 네 장의 사진이 수록되어 있다. 이 사진을 독해했다면 건축사진에 대해 절반은 터득한 것이라 할 수 있다. 사진을 읽어보자. 이 사진의 시점(광축)은 사진의 네 귀를 연결하는 대각선의 교차점이 아니다. 그럼 어디일까? 우측 하단의 오른쪽 두 번째와 세 번째 나무 사이에 보이는 낙숫물받이 바로 위다. 왜 그런가?

건물의 중간이 되는 왼쪽으로 몇 발짝 카메라를 옮기고 시점을 움직여 찍은 사진을 상상해보자. 그럴 경우에 찍힐 사진에서 건물의 오른쪽 상단에 길게 튀어나와 사선 그림자를 드리우고 있는 낙수홈통, 높은 건

물 좌측 모서리 상단에 뚫려 있는 공간 속의 사선과 드러난 보^{beam}, 마지막으로 왼쪽 판벽과 십자가 위 캐노피 등이 어떻게 될지 연상해보자. 둔중하고 밋밋하지 않은가. 다시 사진을 보자. 건물의 두 덩어리(크고 납작한) 직사각형, 그리고 위에 언급한 곳이 마치 선으로 연결되어 한곳, 사진의 우측 하단에 보이는 낙숫물받이 위로 수렴되지 않는가. 건축사진 찍기의 핵심이 여기에 있다.

당진 돌마루공소를 찍은 이 사진에는 뷰카메라의 기능이 잘 발휘돼 있다. 주어진 환경적 제약을 극복하고 최적의 시점을 잡기 위해 건축사진에서 뷰카메라를 사용하는 것이다. 위 사진에서 먼저 대상을 마주하고 시점을 어디에 정했는지 살펴보자. 사진처럼 오른쪽 낙숫물받이 위에 카메라의 렌즈를 겨냥했으면 카메라 파인더에 땅이 많이 보이고, 예제 사진과 달리 오른쪽이 더 많이 보일 것이다. 이제 뷰카메라의 렌즈 부분을 위쪽과 왼쪽으로 미끄러뜨려 움직이면 파인더에서 보이는 대상은 원하는 위치로 이동하며 예제 사진과 같이 보이게 될 것이다. 이렇게 건축의 특징과 설계 의도를 반영하는 사진이 건축사진의 기본이며 그렇기에 건축이 사진에 기탁해서 자신을 효과적으로 드러내게 되는 것이다.

건축사진에서 어느 부분을 사진으로 담기 위해서는 흔히 앵글이라 부르는 시점을 잘 잡아야 한다. 주변의 공간이 여유로운 경우라면 시점을 더욱 치밀하게 선정해야 한다. 그 이유는 한 장의 사진에서 받을 느낌을 좌우할 정도의 '눈맛'이 달린 일이기 때문이다. 이 사진에서 보듯 여유로운 주변 여건 속에서 손쉽게 건물의 중간에 서서 촬영을 하였다면 그 사진은 그저 평범해 보일 수밖에 없을 것이다.

뱀산을 바라보며

봉하마을 노무현 대통령 사저의 촬영은 늦가을 오후 네 시부터 가능했다. 작업에 허용된 시간이 짧아 마음이 조급했다. 게다가 담당자가 잠시 외출한 바람에 밖에서 삼십 분을 허비해야 했다. 가까스로 수속을 마치고 들어가 안을 살펴보니 조금 어두워진 후 빠르게 작업을 하는 것이 좋겠다는 생각이 들었다. 시계를 보았다. 촬영 가능한 시간은 여섯 시까지, 길어야 한 시간 반 정도다. 담당자에게 밖으로 나갔다가 다시 들어와도 되는지 확인한 후, 앞마당 현관 앞과 대문 밖에서 두 장의 사진을 찍었다. 옆집 발코니에서 한 장을 추가한 후 근처 사자바위로 뛰었다. 정상에서 들판이 보이는 전경 사진을 찍은 후 헐떡거리며 돌아오니 시계는 다섯 시 반을 가리킨다.

다시 안으로 들어가 사진 작업을 할 때 권 여사께서 밖으로 나오셨다. 인사를 드리며 시간이 촉박해 촬영을 서두를 수밖에 없다고 말씀드렸다. 마음이 편치 않으셨을 텐데도 가벼운 미소로 동의해주셨다. 2009년 5월 23일 서거 후 불과 6개월이다. 아마 생전 노무현 대통령과 건축가 정기용 선생의 인연을 떠올리며 사진 촬영을 기꺼운 일로 여기시는 것 같았다.

사진 촬영은 예측한 대로 진행되었다. 미리 정한 촬영 동선대로 한 장씩 사진을 찍어가던 중 시간은 어느덧 흘러, 이 마지막 사진 앞에 섰다. 이제 이 사진을 찍으면 마음 편히 집으로 돌아갈 수 있다. 그런데 시간이 너무 늦어 밖은 이미 어두운 밤하늘에 젖어들고 있었다. 누런 문은 빛을 받아 환한데, 저 뒤 뱀산은 캄캄한 밤하늘에 몸을 숨기는 중이니 난감했다. 이대로 찍으면 마지막 사진은 없는 것이나 다름없었다. 잠시 고민한 끝에 노출을 달리해서 브래키팅으로 세 장을 찍었다. 후보정으로 세 장의 사진을 하나로 합성할 생각이었다.

작업실로 돌아와 세 장의 사진을 포토샵으로 불러들였다. 먼저 밖이 내다보이는 풍경을 살리기 위해 문 안쪽의 직선을 따낸 후 뱀산이 잘 보이는 바깥 풍경만을 지우개로 지워 드러냈다. 나머지 현관 앞바닥이 잘 보이는 곳도 문 안쪽의 직선을 따내어 합성했다. 문제는 나뭇잎이었다. 바람이 잔잔하여 많이 흔들리지 않아 다행이었다. 합성할 두 사진마다 겹치는 부분의 밝기가 자연스럽게 또 나뭇잎은 7~8부 능선이 겹치도록 주의했다. 경험은 결정적인 순간에 빛을 발한다.

사진을 완성하고 생전의 집주인께서 저 산을 바라보며 무슨 생각을 하셨을까 헤아려본다. 오래전 가슴속에 큰 꿈을 품었던 소년이 바라보았던 저 산은, 그가 멀고 먼 길을 돌아와 바라보았던 그 산이 틀림없다. 그는 이 문을 나설 때마다 저 산을 바라보았을 것이다. 사회에 크게 헌신할 수 있다는 믿음의 크기만큼 성취도 했고 또 그만큼의 좌절도 겪었다. 그가 생전에 뱀산을 보며 품던 꿈은 저 뱀산이 그렇듯 언제나 한결같았을 것이다. 그는 남다른 일생을 살았던 대통령 노무현이다.

노출 그리고 색감

노출 계산은 카메라의 측정치에 의존하면 된다. 특히 디지털카메라의 경우에는 LCD 액정을 통해 찍은 사진의 노출 정도를 확인할 수 있으니 걱정할 일이 없다. 색감은 있는 그대로 새벽은 새벽처럼, 저녁은 저녁처럼 자연스럽게 찍으면 된다. 예전의 필름 시절에는 실내 사진에서 주광색 필름을 사용할 경우 색보정을 위해 푸른색은 노란색yellow으로, 녹색은 적자색magenta으로, 붉은색은 청록색cyan으로 색감을 상쇄해야 했다. 측정기

로 색온도color temperature*를 재고, 색필터를 이용해 색조를 보정했다. 그러나 지금의 디지털사진은 간단히 색보정을 할 수 있어 참 편리하다.

일반 필름에서, 천장을 비추는 텅스텐 조명은 붉게 보이고 형광등 조명이 켜진 간판은 약간 창백하게 보인다. 여러 색감의 조명 기구가 섞여 있는 곳에서 특정 조명의 색감에 맞춰 촬영하게 되면 다른 쪽의 색감을

---

* 온도에 따라 발광되는 빛의 색상이 달라지는 현상을 흰색을 기준으로 절대 온도 K(켈빈)로 표시한 것이다. 빛을 전혀 반사하지 않는 완전 흑체를 가열하면 온도에 따라 각기 다른 색의 빛이 나온다. 온도가 높을수록 파장이 짧은 청색 계통의 빛이 나오고, 온도가 낮을수록 적색 계통의 빛이 나온다. 이때 가열한 온도와 그때 나오는 색의 관계를 기준으로 색온도를 정한다. 따라서 광원이 달라지면 색온도도 달라지므로 그때마다 화이트밸런스를 다시 맞춰야 한다. 우리가 주변에서 흔히 보는 태양광은 5,500~7,000K, 카메라 플래시는 5,600~6,000K, 백열등은 2,500~3,600K, 촛불은 1,800~2,000K이다.

포기해야 하는 단점이 따른다.

사진을 보자. 붉은 색조의 천장을 텅스텐 조명이 비추고 있다. 만일 이 조명에 맞춰 사진을 찍는다면 어떤 사진이 찍힐까. 붉은색을 상쇄하기 위해 디지털카메라는 청록색이 덧씌워진 색조를 더할 것이다. 결국 소파는 더 이상 오렌지색이 아니며 파란색의 벽은 더욱 시퍼런 색조를 띠고 만다. 이렇듯 여러 색조를 띠는 광원이 뒤섞인 곳에서는 정확한 색조를 보여주는 사진을 찍을 수 없다. 조금씩 양보해 전체적으로 무난한 색조를 보여주는 것이 오히려 보기에 편안하다. 즉 화이트밸런스white balance*를 오토에 맞춰 촬영하는 것이다. 그리고 촬영한 사진의 전체적인 색조는 데이터를 변환할 때 우선적으로 조정한 후 최종적으로 디지털사진 후처리 프로그램에서 원하는 색조로 확정한다. 필름 시대에도 이런 상황에서는 그저 자연스럽게 현장의 색감이 드러나도록 하는 것이 좋은 방법이었다.

촬영한 데이터를 변환하는 과정은 매우 중요하다. JPEG 파일을 다른 파일 형식으로 변환할 경우 색정보 손실 등 화질의 손상이 있을 수 있지만, 디지털로 기록된 촬영 데이터raw file를 TIFF, JPEG 등의 파일 형식으로 바꾸는 과정에서는 데이터 손실이 거의 일어나지 않는다. 또한 디지털 현상 프로그램에서 사진의 밝기, 콘트라스트contrast**, 색조 등을 일

---

* 카메라가 색을 정확하게 표현하도록 카메라의 색균형을 미리 조정하는 것을 말한다. 색온도에 따라 컬러 기준이 수시로 변하므로 그때그때 조정해야 한다. 카메라 렌즈를 그레이카드에 맞추어 게인(gain)을 조정한다고 해서 화이트밸런스라는 이름이 붙었다.

** 가장 밝은 부분과 가장 어두운 부분의 휘도 차, 즉 흑백의 대비를 말한다. 콘트라스트가 작은 사진은 부드러운 느낌을 주는 반면 큰 사진은 강한 느낌을 준다.

차적으로 조정하고, 기본적이고 필수적인 작업을 마치는 것은 최종 사진을 만드는 데 절대적으로 유리하다. 이렇게 일차적으로 조정된 데이터는 디지털사진 후처리 프로그램으로 불러내 나머지 세밀한 조정을 한다. 디지털사진 후처리 프로그램은 제품마다 조금씩 차이가 있는데, 아주 간편하게 원스톱으로 처리하는 것과 정교한 작업을 위해 과정을 나누어 처리하는 것으로 나뉜다. 세세한 것은 접어두고 여기서는 그 과정을 언급하는 것으로 갈음한다.

어느 곳, 어느 높이에서

의재미술관은 무등산 자락에 위치한 증심사 가는 길, 비교적 좁은 대지에 지어졌다. 사진의 왼쪽 나무 아래 희끗 보이는 길을 통해 진입한다. 조감사진에 나타나 있듯 세 건물이 하나의 통로로 나란히 연결된다. 길 하나

가 불리한 대지 조건과 지형의 높고 낮음까지 단순하고 깔끔하게 정리한다. 지상에서 이 모습을 찍는다면 나무, 지형, 건물에 가려져 건축물의 본모습이 드러나지 않을 것이다. 이때 중요한 것은 어느 곳, 어느 높이에서 사진을 찍는가이다. 사진 아래쪽의 진입로 위로는 전깃줄이 지나간다. 그런대로 작은 사다리차가 작업할 만한 한 뼘 공간이 나온다. 위를 살펴보니 잘하면 전깃줄 사이로 사다리를 밀어올릴 수 있겠다는 판단이 섰다.

작은 사다리차가 준비되었다. 위치를 정하고 준비하는 동안 싣고 올라갈 장비를 챙겼다. 중형 카메라에 흑백 필름 Tri-X*를 넣었다. 촬영 높이는 예상치보다 조금 더 지나쳐 올라가며 살펴본 후, 다시 내려오며 정하는 것이 좋다. 이때 중점을 두고 살펴야 할 사항은 건물 벽면과 지붕면의 비례 그리고 세 건물을 잇는 직선의 길이 어떻게 보이는가이다. 높이, 즉 시점을 정하니 상대적으로 대상이 넓게 펼쳐져 있었다. 43mm 광각 렌즈를 붙이고 내려다보았다.

건축사진은 그 콘셉트에 따라 유리한 기상 조건이 다르다. 쾌청한 날씨가 어울릴 수도, 흐린 날씨가 어울릴 수도 있다. 다행히 찍을 대상과 상황에 따른 날씨가 잘 맞아떨어지면 최상의 사진을 얻을 수 있지만, 현장 상황은 대체로 그렇지 못하다. 다행히 이 사진은 건축물과 날씨가 적절한 조화를 이루었다. 흐리고 그림자가 없는 조광 덕분에 한눈으로 전체를 조망한 듯 건축물이 깔끔하게 표현되었다.

그런데 촬영한 필름을 현상해보니 건물은 좋은데 숲과 나무는 노출이

---

* 코닥에서 나온 흑백 필름으로, 감도가 우수하고 풍부한 그러데이션 표현이 가능하다.

부족했다. 찍은 사진을 인화할 때 가려굽기^{dodging}*를 했다. 방법은 간단하다. 확대기에서 인화 노광을 길게 주는 동안, 검게 나타날 숲이 있는 부분에 떨어지는 빛을 알맞게 가려주는 방식이다. 철사 끝에 동그란 각지(두꺼운 종이)를 달고, 확대기 아래에 놓인 인화지의 가려야 할 부분 위를 지나다니며 알맞게 빛을 가리면 된다. 다만 그 흔적이 남지 않도록 주의해야 한다.

빛과 비례의 맛

옆의 사진은 전형적인 1소점으로 수평과 수직선이 정확히 평행을 이룬다. 깊이감을 갖는 사선은 중앙에 보이는 벽면의 뒤편, 가상의 한 점에 모두 모인다. 치밀한 디자인과 정교하게 마감된 시공 상태가 일체의 흐트러짐도 없다. 이런 상태를 잘 보여주기 위해서는 사진도 치밀할 필요가 있다. 우선 벽면의 색깔이 깨끗이 찍히도록 해야 한다. 그러기 위해서는 실내로 들어오는 외부의 빛이 차분할 때 촬영을 해야 한다. 안쪽의 어두운 곳을 밝히기 위해 실내등을 켜고 앞과 천장의 등은 모두 끄는 것이 좋다. 촬영 상황에 따라 각각 다르겠으나, 흰 벽을 깨끗이 찍기 위해서는 잡색이 도는 실내 조명을 최소화하는 것이 바람직하다.

　불가피한 경우를 제외하고 벽등을 켤 때 조심할 필요가 있다. 밤에 사진을 찍을 경우 가끔 벽등이 켜진 곳이 너무 밝게 나와 구멍이 난 것처

---

* 암실에서 노광(노출)을 할 때 인화지 위에 비친 사물의 형상 중 특정 부위를 가려서 밝게 하는 작업을 말한다.

럼 보이기도 하기 때문이다. 천장의 조명도 마찬가지다. 인테리어 사진을 찍을 때는 조명 효과가 중요하므로 오히려 조명을 모두 켜고 작업하지만 건축사진의 경우는 다르다. 건축사진의 실내 촬영에서는 등 기구의 배치나 빛의 조절이 치밀하고 정교해야 한다. 그래서 대체로 내부의 조명보다 밖에서 산란되어 들어오는 빛을 이용해 촬영하는 것이 좋다. 다만 이때 안쪽으로 길게 비치는 햇빛은 가급적 피하는 것이 좋다. 콘트라스트가 너무 강한 사진이 될 수 있기 때문이다. 사진을 찍으며 저절로 알게 되겠지만 빛의 상태와 질을 보는 눈이 중요하고, 여러 가지 상황과 조건까지 종합해서 판단하는 것이 몸에 익어야 한다.

또 하나 빠뜨릴 수 없는 것이 빛의 세기, 즉 빛의 강약이다. 사진을 찍고자 하는 현재의 앵글에서 태양광과 인조광의 대비를 읽는 것이다. 예를 들어 두 색의 계열에서 한쪽이 우세한 밝기를 갖는다면 다른 색은 그 효과가 미미할 수밖에 없다. 또 그 비율이 비슷하다 해도 서로의 색조가 섞이게 되므로 울긋불긋한 사진이 될 수 있다. 이처럼 실내 건축사진은 빛의 조화에 따라 전혀 다른 사진이 될 수 있다. 이들 모두가 잘 조절되었을 때 비로소 건축의 비례감이 살아나며 맛깔스러운 사진이 완성되는 것이다.

이처럼 짧은 거리에서 넓은 화각(카메라가 담아내는 장면의 시야)을 보여주기 위해서는 특수한 렌즈를 사용해야 한다. 여기서는 원근 조절이 가능한 TS-17mm 렌즈를 사용했는데, 건축사진용으로 만들어진 렌즈의 종류는 이외에도 다양하다. 이러한 렌즈를 사용할 때는 특히 주의해야 하는데, 화각이 클수록 왜곡의 정도가 심해져 건물이 기형적으로 보일 수 있기 때문이다.

빛의 누적

아래 사진은 강원도 삼척에 위치한 곰스크펜션이다. 왼쪽 하단에 보이는 산 아래쪽 멀리 삼척 용화해수욕장이 있다. 풍광 좋은 이곳에서 주거와 사업을 병행하기 위해 건축주 형제가 손수 이 건물을 시공했다. 앞 건물이 주택이고, 저 뒤쪽으로 주택에 가려 일부만 보이는 곳이 펜션이다. 설계 의도도 그렇겠거니와 멀리 아래쪽을 바라보며 현관의 입구를 내었다. 차분하게 보이는 앞의 주택과 주변 여건을 함께 보여주기 위해 전체를 담는 설명적인 사진을 찍기로 했다.

관건은 알맞은 밝기로 실내 조명을 찍는 것이다. 타이밍을 잘 맞추어 저녁 사진을 찍으면 자동적으로 빛의 누적 현상이 나타난다. 저녁 사진이라 하기에는 밝아 보이지만, 당시 실측할 때의 밝기는 이 사진보다 약간 어두웠다. 필요한 조작을 마친 후 카메라 셔터를 누르게 되는데, 셔터 속도가 대개 10초 내외이다. 이 정도의 셔터 속도가 사진에 얼마나 영향을 줄까? 절대적이다. 해가 떨어진 지 얼마 지나지 않아 주위가 급격히 어두워질 때는 단 1초라도 촬영 상황에 큰 영향을 미친다. 셔터가 열려 있는 동안 하늘은 계속 어두워지지만 상대적으로 실내는 밝아진다. 다시 말해 미미하게 보이는 실내의 빛이 차곡차곡 쌓여 밝아지는 효과를 내는 것이다.

공간에 깊이가 생기고

백상원 콘도미니엄의 비교적 엄격한 평면을 가진 객실 사진이다. 사진이 보여주려는 공간은 모두 세 곳이며, 시점의 위치는 식탁 주변이다. 카메라를 세팅하고 나니 등 뒤편으로 화장실 벽면이 가로막아 더 이상 물러날 데가 없었다. 어쩔 수 없이 우측 하단에 일부만 보이는 의자를 통해 식탁 위치를 암시하기로 했다. 가리개 너머로 거실이, 좌측으로는 침실이 보였다. 이로써 객실의 평면을 암시하고, 동시에 설계 의도를 반영한 사진의 각도가 겨우 카메라앵글에 잡혔다.

문제는 우측 상단에서 식탁을 비추고 있는 밝은 펜던트 조명이었다. 대부분의 객실 조명이 약간 어둡고 은은한 간접 조명 방식을 따르는 데 비해, 상대적으로 이 펜던트는 밝은 삼파장 램프가 들어 있었다. 공간을 찍는 사진은 앞보다 뒤쪽이 밝아야 공간에 깊이가 생기고, 대상에 생동감이 있어 보이기 마련이다.

그러나 정반대의 상황에서도 좋은 사진을 얻을 수 있는 적절한 방법이 있다. 시점을 정하고 촬영 준비를 끝내기 전, 마지막으로 카메라의 셀프타이머를 10초로 설정한다. 식탁 펜던트 조명의 스위치를 찾아서 작동해본다. 모든 준비가 완료되었으면 셀프타이머를 설정한 카메라의 셔터를 누르고 펜던트 조명 스위치 앞으로 달려와 귀를 기울인다. 셀프타이머가 작동하며 철컥하는 셔터 소리가 들리면 곧바로 펜던트 조명 스위치를 끈다.

실내 사진의 경우 조리개를 많이 닫아야 하므로 보통 셔터 속도가 3초 이상 된다. 덕분에 사진이 찍히는 중간에 조명을 꺼서 밝기를 조절할 수 있는 것이다. 이런 방법은 건축 모형 사진을 찍을 때도 가끔 사용한다. 모형에 설치한 램프를 끄는 순간은 여러 번의 시행착오를 거쳐 직접 체득하는 것이 좋겠다. 실내 분위기와 펜던트의 밝기가 원하는 대로 맞아떨어져야 하므로 몇 번을 실행한 후 알맞은 것을 골라 사용해야 한다.

이 방법에 또 하나의 장점이 있다. 색온도의 차이는 자칫 사진을 울긋불긋해지게 만들 수 있는데 그 문제를 해결한 것이다. 펜던트 조명은 점등 효과만을 내었고, 주 광원의 색조 대비를 객실 조명 쪽으로 밀어붙였다. 또한 상대적으로 어두운 실내 조명의 대비가 해결되었고, 공간에는 깊이가 생겼다.

집의 표정이 드러난 그날 저녁

발트하우스는 분양을 위해 조성된 타운하우스이다. 비교적 여유로운 대지 이용으로 쾌적한 주거 환경을 제공한다. 원래 있었던 나무를 살리며 빈 곳에 들어앉은 이 주택은 여타의 집과 다른 점이 있었다. 대개 집이든 사람이든 뒷면보다는 앞면을 중요시하는 것이 보통이다. 그런데 이 집은 비록 나무에 가려 잘 보이지 않더라도 건물의 뒷면을 세심하게 디자인했다. 아니 앞과 뒤 모두를 그렇게 한 것이니 통일성, 일관성을 위해 그리 한 것이라 짐작된다. 사진에는 잘 보이지 않지만 언덕에 올라가서 보면 각 면의 비례와 양감이 합리적으로 배분되어 있어 우리의 미감美感을 자극한다.

바짝 다가가 언덕에 올라서면 후면과의 거리가 짧아 앵글이 안 잡힌다. 차라리 거리를 떨어뜨려 지형을 보여주고 주변의 여건까지도 함께 드러나도록 했다. 낮에는 나무에 가리는 사진의 중앙부가 어두울 것이므로, 저녁 사진을 찍기로 했다. 그러면 어느 정도 밝기가 균일한 사진을 얻을 수 있기 때문이다. 저녁 사진은 촬영 타이밍을 잘 잡아야 효과를 거둘 수 있다. 앵글을 정하고 기다렸다 찍는 것이다. 경험이 쌓이다 보면 주위가 어두워지면서 상대적으로 집의 표정이 살아나는 순간을 포착할 수 있다. 그 순간이 촬영을 위한 최적의 순간이다.

그러나 이 같은 촬영 상황에서는 건물의 중앙부가 나무에 가려 그곳으로 떨어지는 빛의 양이 다른 곳보다 적을 수밖에 없다. 이 사진은 그 문제점을 보완한 경우인데, 그렇지 않으면 일부만 어두운 답답한 사진이 될 수 있다. 암실에서 사진 인화를 할 경우라면, 노광 중에 문제가 될 수 있는 어두운 부분을 알맞게 가려주면 된다. 이 밖에도 디지털사진 후처리 프로그램에도 그와 똑같은 툴이 있고 또 레이어를 이용하는 방법, 지우개를 이용한 합성 등이 있으므로 이를 이용해 빛의 양을 알맞게 조절할 수 있다.

열린 건축, 열린 앵글

밖에서 보기에 허유재병원은 네모반듯한 박스형 건물이었다. 그러나 안으로 들어오면 이야기가 달라진다. 마치 이곳저곳이 숭숭 뚫린 듯, 공중에 매달린 정원이 사진에서 보이는 곳 말고도 여러 곳에 있다. 이처럼 내부에서 밖을 볼 수 있고, 공중 정원에서 산책이 가능한 공간 구조는 환자

들의 회복에 큰 도움이 될 것이다.

현대도시가 과밀해질수록 지가는 올라간다. 건축주의 입장에서는 한 뼘의 땅이라도 더 활용하고 싶을 것이다. 따라서 건축 공간을 입방체의 공간으로 생각해 용적률을 늘리고 수익률을 높이려 생각해온 것이 사실이다. 그러나 그렇게 안으로 채워지기만 한 건축은 소통보다는 스스로를 닫아버린 건축과 같다. 반면 속을 비워내고 밖으로 열린 건축은 빽빽하게 닫힌 건축이 아니라, 바람도 사람도 마음도 소통할 수 있는 유기적 건축이라 할 수 있다. 공간의 활용성에서는 손해를 보는 것 같지만 공간의 효용성은 높아지는 것이다.

사진 속 장소는 이 병원의 핵심 공간 중 한 곳이므로 빠뜨리지 않고 찍어야 했다. 비록 촬영을 위한 뷰포인트가 유리로 막힌 곳이었지만 그대로 촬영할 수밖에 없었다. 가끔 유리면에 렌즈를 바짝 대고 촬영할 때는, 반사와 바깥 유리에 묻어 있는 먼지가 찍히지 않도록 렌즈를 유리면에 밀착시키는 것이 좋다. 그런데 이 사진의 카메라앵글로는 렌즈를 유리면과 사선으로 비스듬히 벌려서 찍을 수밖에 없었다. 이렇게 되면 렌즈와 유리면이 사각을 이루어 반사가 생기거나 주변에 비친 사물이 사진에 찍히게 된다.

어쩔 수 없이 겉옷을 벗어 카메라와 한쪽 유리면을 덮어 반사를 없앤 후 사진을 찍을 수밖에 없었고 다행히 결과는 나쁘지 않았다. 이렇게라도 필요한 사진을 얻을 수 있다면 되는 것이다. 사진을 자세히 들여다보면 사진의 왼쪽이 어둡고, 렌즈를 유리에 밀착시키지 못해서 먼지가 찍혀 있는 것을 볼 수 있다.

건물의 속살

건물의 표면이 온통 유리로 된 일산 MBC 건물은 그 현대적인 감각을 잘
살려야 했다. 마감재로 금속성의 재료가 사용된 경우에는 유리와 마찬가
지로 약간의 반사를 이용하는 것이 좋다. 햇빛의 방향과 강약을 살펴 촬
영 시간을 정한다. 이 건물은 정면이 서쪽을 향하고 있으므로 일몰 직후
에 촬영하는 것이 좋다. 지는 해가 유리면에 비치면 그 사진은 콘트라스
트가 너무 강해 쓸 수 없기 때문이다. 부드러우며 어느 정도의 힘이 있는

잔광이 필요하다. 그래야 사진에서 보듯 유리면을 뚫고 들어간 빛이 건물의 속살을 드러낼 수 있다. 도로 폭에 비해서 건물이 크고 또 그 위에 송출 타워까지 있으니 보기보다 사진 촬영이 까다로운 건물이다. 송출 타워가 잘리지 않도록 해야 하다 보니 사진 프레이밍이 어중간해 정사각형에 가까운 사진이 되었다. 이렇게 가로나 세로의 프레임에 담기지 않는 건물을 찍으려면 방법은 하나밖에 없다.

왜곡수차가 엄격히 교정된 초광각 렌즈를 붙이고 시점은 입구 현관을 겨냥했다. 35mm 풀 포맷 카메라에서 12mm 렌즈는 놀랄 만한 화각을 가지고 있으므로 어지간히 짧은 거리에서도 큰 건물의 촬영이 가능하다. 건물이 기울지 않도록 반듯하게 세로 사진을 촬영한 후 과다하게 보이는 땅 부분을 잘라내어 정사각형 포맷의 사진을 얻을 수 있었다. 사진이 조금 작아지긴 하지만 보간법*을 이용해 메모리를 확대시키면 손실을 최소화할 수 있다. 세밀하게 선정한 시간대의 촬영이 만든 묵직한 음영은 결과적으로 사진이 가볍게 보이지 않도록 잡아주었고, 지평선 아래에 몸을 숨긴 석양빛이 반사된 유리면은 건물을 심플하고 현대적으로 보이게 한다. 어둑한 시간대에 촬영한 것이라 지나가는 차량은 사진에 찍히지 않았고 대신 헤드라이트 불빛만 길게 찍혔다.

---

* 작은 사진을 크게 확대하기 위해 리사이즈resize 실행 시 부족한 픽셀pixel을 보완하기 위한 방법이다. 리사이즈 작업은 25%씩 크기를 늘려나가며, 샤픈sharpen 기능을 조금씩 사용하여 또렷하게 하는 것이 좋다.

건축의 눈높이

이 빌라형 주택은 서울 자곡동의 주택가 골목길에, 다른 집들과 나란히 마주보며 있었다. 주택들은 한쪽의 출입부를 공유하거나 때로는 두 세대가 서로 엮인 형태로 위치해 있었다. 주변에서 흔히 보듯 담장을 둘러친 주택가의 집들을 헐고 두 세대가 하나의 건물로 다시 태어난 것이다.

건축사진은 대부분 잡지에서 볼 수 있는 전문 건축사진처럼 땅을 조금만 보여주며 상승감이 있도록 프레이밍하게 된다. 그러나 도심의 건축은 건물이 높아서 이를 한 프레임에 모두 담으려면 카메라를 위로 올려 들 수밖에 없다. 무심코 카메라를 위로 향해 찍으면 건물의 상부는 상대적으로 아래쪽보다 작아지게 되므로 주의해야 한다. 렌즈의 초점거리가 짧으면 짧을수록 기울기는 더욱 심해지며, 그 결과 건물의 하부는 뚱뚱하게 늘어나고 상부는 오므라들어 사진에 찍힌 건물이 뒤로 쓰러진 것처럼 보이게 된다.

이런 현상을 최소화할 수 있는 방법은 뭔가를 딛고 올라서서 사진을 찍는 것이다. 그러면 과다해 보이는 수렴 현상을 줄일 수 있다. 여기에 초광각 렌즈를 사용해 시점을 눈높이에 맞추고 사진을 찍는다면 나중에 잘라내야 하는 땅 부분 또한 화면에서 최소화할 수 있다.

이 주택의 가로 폭은 골목길의 폭에 비해 상대적으로 너무 넓었다. 골목에 들어가 담벼락에 등을 맞대고 사진을 찍으려 해도 예측되는 사진이 영 마뜩하지 않았다. 짧은 촬영거리야 어떻게든 극복할 방법이 있지만 지상에서 그렇게 사진을 찍으면 이 집의 처마가 너무 과장되어 보인다. 건축가는 이 집의 전면을 디자인하며 벽과 창의 크기, 이연판으로 마감한 돌출 벽체, 입구 필로티pilotis의 두께와 재질감 등을 위해 세심한 설계

를 했을 것이다. 그렇다면 사진에 알맞은 시점을 찾는 것이 중요하며 이 때 수평과 수직선이 휘지 않고 반듯해야 한다. 따라서 그것을 효과적으로 보여주기 위한 촬영 포인트는 조금 높게, 조금 뒤로 물러서는 것이다.

다행히 단지 전체를 시공하는 현장 사무실이 건너편 집에 있었고, 그 집 정원의 바닥이 사람 키 정도로 높게 있어서 가장자리의 나뭇가지를 피해 자리를 잡았다. 35mm 디지털카메라에 초광각 렌즈를 붙이고 가로와 세로선이 기울지 않도록 정교하게 카메라앵글을 잡았다. 동시에 높이와 거리가 해결되었으니 이제 남은 것은 촬영 타이밍이다. 해질녘 건물의 내부에 켜진 불빛이 바깥보다 조금 밝은 시간대는 건축이 차분하게 자신을 드러내는 순간이다.

둘을 하나로

대우건설 홍보관은 인천세계도시축전 기간 중 송도에 건립된 기업 전시관이다. 행사가 끝나면 해체해야 하는 임시 건물이므로, 건축가는 자신의 포트폴리오를 위해서 사진 촬영을 의뢰했다. U글라스를 주재료로 사용하여 건설의 무거운 이미지를 쇄신하려는 듯 건축이 다소 몽환적이고 가벼워 보인다. U글라스는 미술관이나 갤러리 건물에 종종 사용되며 세련된 분위기를 연출하는 외벽의 일부로 쓰인다.

네모반듯한 박스형의 전면을 찍어야 하는데 등 뒤 건물에 막혀 더 이상 물러설 수가 없었다. 사진으로 보기에는 거리가 충분하여 쾌적한 느낌이 들지만 실제 조건은 그렇지 않았다. 건물의 가로 폭이 20m 가까이 되는 것에 비해 촬영 거리는 7~8m 정도밖에 안 되었다. 이런 경우 두 가지 방법을 취할 수 있다. 초광각 렌즈로 촬영 후 하단을 자르는 방법과 두 장의 사진을 이어붙이는 방법이다. 전자가 메모리 손실이 있는 반면 후자는 훨씬 큰 메모리를 확보할 수 있는 장점이 있다. 후자의 사진을 위해 원근 조절이 가능한 PC 렌즈perspective control lens*를 준비해야 한다.

삼각대 위에 설치한 카메라의 PC 렌즈를 좌상으로 밀어붙여 한 장(1번 사진), 우상으로 밀어붙여 한 장(2번 사진), 이렇게 두 장의 사진을 촬영한다. 그사이 카메라를 움직여도 안 되며 현상 과정도 똑같이 거쳐야 한다. 물론 여기에 변형을 가해서도 안 된다. 데이터 변환 시 파일 형식은 16bits TIFF, 출력 해상도는 300DPI**로 정했다. 그리고 포토샵의 file, new에서 resolution 300DPI, 파일 형식 16bits TIFF를 지정해, 위에 찍은 이미지 사이즈 두 장을 수용하고 남을 정도의 크기의 흰색 바탕 페이지를 준비한다. 이때 흰색의 바탕 페이지와 촬영 데이터의 출력 해상도가 모두 같아야 한다.

이렇게 준비한 흰색 바탕 페이지에 이어 붙일 두 장의 사진을 모두 열어 ctrl+shift, move로 1번 사진을 흰색 new 페이지로 옮기고, 2번 사진도 흰색 페이지에 옮긴다. 이때 모든 파일은 16bits로 일치해야 함은 물론이다. 이제 오른쪽 레이어 표시창의 레이어 1을 커서로 지정한 후

---

* 수직 또는 수평선이 왜곡되거나 원근감이 과장되는 현상을 줄이기 위해 사용하는 렌즈. 뷰카메라처럼 사진가의 필요에 맞게 대상을 변형할 수 있다.

** 모니터 등의 디스플레이나 프린터의 해상도 단위. 1인치당 들어가는 점의 개수로 표현되며 수치가 높을수록 해상도가 뛰어나다.

move tool을 찍는다. 1번 사진을 커서로 찍어 new 페이지의 좌상에 정렬한다. 또 표시창의 레이어 2를 커서로 지정한 후 2번 사진을, 1번 사진 옆으로 옮긴다. 이제 키보드의 화살표 버튼을 이용해 한 콤마씩 이미지를 움직일 수 있게 된다. 이렇게 정교한 이동으로 두 장의 사진이 한 장으로 보이는 지점에 다다르면 flatten image로 레이어를 겹친다. crop tool을 이용해 한 장으로 연결된 사진을 정리된 모양으로 잘라낸다. 최종적으로 나머지 필요한 작업을 마치면 두 장의 사진을 이어서 한 장으로 만든 사진을 얻게 된다.

天의 창조

남쪽 바다를 향해 자리한 서귀포주택은 시원한 조망을 마주하고 있었다. 주변은 온통 감귤밭이었다. 처음에는 한 덩어리의 조각 작품처럼 콘크리트를 굳혀 만든 상자 같은 집이라는 느낌을 받았다. 남쪽을 향해 기울어진 지붕 없는 옥상과 듬성듬성 하늘이 열린 작은 정원은 이 집의 콘셉트를 잘 드러내고 있었다. 중앙의 식당과 거실을 사이에 두고서 왼쪽은 부부의 영역으로, 오른쪽은 고교 과정의 두 딸이 집에서 공부하는 홈스쿨로 이용한다. 앞쪽에는 이 세 영역을 관통하는 긴 복도가 척추 역할을 하며 입구의 현관을 통해 손님을 맞이한다.

날씨가 유난히 좋았던 한여름에 뙤약볕이 내리쬐고 있었고, 촬영 시간대도 나쁘지 않았다. 전면에 보이는 벽이 그림자 속에 들어 있어야 건축의 양감이 돋보일 것 같았다. 주택 전면의 도로는 왕복 2차선이고, 등 뒤편의 감귤밭은 사람 가슴 높이의 축대로 둘러쳐져 있었다. 건물의 너른 폭에 비해서 전면의 도로는 시골 주택가를 지나는 좁은 길에 지나지 않았다.

작은 사다리차를 불렀다. 사다리차의 바구니를 타고 예상 촬영 지점을 지나쳐 올라갔다 내려오길 반복하며 촬영 포인트를 정했다. 내려다보는 위치가 너무 높으면 지붕면이 넓적하게 보일 것이고, 너무 낮으면 전면의 벽만 크게 보일 것이다. 잠시 고민한 뒤 알맞은 높이를 정했다. 그런데 촬영 거리가 너무 짧았다. 아주 드물게 사용하는 초광각 렌즈를 붙이고 찍을 수밖에 없는 상황이었다. 사진을 보면 오른편에, 방위로 보면 서쪽 하늘에 해가 떠 있다. 이 경우 그림자는 정반대편인 동쪽, 사진상으로는 왼쪽에 지게 된다. 경험으로 판단하건대 이런 상황에서 초광각 렌즈를 사용하면 하늘이 균일하지 않고 얼룩덜룩하게 보이게 된다.

　이 문제를 해결하는 방법은 촬영 후 해를 등지고 텅 빈 하늘을 한 장 더 찍어 나중에 합성하는 것이다. 중요한 것은 전체적인 하늘의 밝기가 자연스러워야 하고, 수평선 위에서부터 하늘이 서서히 겹쳐져야 한다는 점이다. 다행히 수평선이 뿌옇게 보이고 있어 이질감을 최소화할 수 있었다. 경계가 흐릿하게 겹치도록 지우개의 경도를 솜방망이처럼 부드럽게 하여 지우면 되겠다.

적요한 기념

충무공이순신기념관은 공개경쟁을 통해서 설계안을 확정하고 준공한 건축이다. 긴 벽체만 늘어서 있어서 얼핏 기념관에 건물이 없는 것같이 보인다. 또한 흙과 잔디로 덮여 있어 무덤 같기도 하고, 저 안에 뭔가 있을 것 같은 기대감을 불러일으키기도 한다. 분명한 것은 우리가 늘 보아온 기념관과는 다르다는 사실이다. 이 건축은 기념의 의의를 부각하기 위해 수다스러움보다는 적요함을, 번잡함보다는 단순함을 추구한다. 그리고 조용히 무엇을 기념해야 하는지 생각할 수 있도록 배려한다. 그곳에서 기리는 정신적 가치에 공감하기를 바라는 것이다. 드러내기보다는 가리고, 내세우기보다는 아끼는 마음, 건축은 그렇게 자신의 의도를 온몸으로 표현하고 있었다. 사진도 그처럼 앵글을 잡아야 건축의 의도와 동

떨어지지 않을 것이다.

　기념관의 진입로는 모두 두 곳으로, 바닥이 다른 색깔로 구분되어 있다. 관광객은 진입로를 통해 기념관을 보며 접근하기 때문에 건축가의 의도는 그 각도에서 가장 명확히 드러날 것이다. 그래서 진입로 한 곳에 카메라를 설치했다. 해가 이동하여 기다란 벽체에 그늘이 지면 사진의 효과가 더욱 좋아진다. 햇빛이 연출하는 음영을 잘 살피면 밋밋하게 보이는 경관에 공간이 살아나며 깊이가 생기는 것을 볼 수 있다. 이때가 셔터를 눌러야 할 순간이다.

　공공 기관에서 발주하는 건축은 설계자의 감리가 배제된다. 업무의 투명성이라는 측면에서 보면 어느 정도 필요하다 할 수 있지만 원 설계자의 의도가 실현되기 어려운 맹점이 있다. 누군가의 개입으로 원래의 설계가 변경되어 시공이 이루어지는 경우 그 결과는 부정적으로 나타날 때가 많다.

　관람객은 기왕에 연출된 전시 의도와 효과에 수동적일 수밖에 없다. 일부 현란한 빛과 색채, 장군의 학익진을 재현한 영상과 음향효과로 가득 찬 내부 전시장에서 강요된 '기념'만을 체험하게 되는 것이다. 바다에서 벌어지는 전투 영상과 그에 따른 효과음이 너무 크게 반복된다. 침묵이 웅변의 하나이듯 어느 때, 어느 곳에서는 역설적 설정이 절실하다. 관람객에게 의사擬似 체험을 요구하기보다 조용히 기념하도록 의도하는 전시 연출이 필요하다.

　원래 설계된 배치도를 보면 진입 공간에 나무를 심어 전이 공간을 연출한 것을 볼 수 있다. 나무 사이로 조금씩 보이던 기념관이 한눈에 들어오기까지의 시간을 지연시키는 역할을 나무들이 담당하도록 한 것이다.

나무 사이를 지나고 시야가 활짝 열려 건물 전체를 보는 순간 기념관은 흙에 덮인 모습으로 빈 벽체만을 보여준다. 당혹스런 반전이다. 그래도 무엇이 있을까 궁금증을 지닌 채 벽체를 끼고 돌면 다시 한 번 텅 빈 마당을 거치게 되고, 그제야 비로소 기념관의 내부에 이르게 된다.

기대감을 상승시키기 위한 이런 접근 방식은 우리의 전통건축에서도 찾아볼 수 있다. 대표적으로 사찰 건축이 있다. 대웅전에 이르기 위해서는 일주문을 지나서 몇 겹의 관문 또는 건축적 장치를 지나야만 한다. 찾아오느라 힘겹게 흘린 땀은 부처를 보는 순간 눈 녹듯 사라진다. 그러나 다수의 이해 관계가 얽힌 현대건축에서 이를 실현하기란 그리 쉬운 일이 아닌 듯하다. 어떤 연유인지는 알 수 없지만, 원래 배치도를 보면 기념관 영역에 있어야 할 나무들이 하나도 심어져 있지 않았다.

평화롭고 민주적인

하나의 마을 같은 지앤아트스페이스에는 고만고만한 집들이 사이좋게 어울려 있다. 그 모습은 마치 건물 몇 개를 무심하게 던져놓은 것처럼 보이기도 한다. 마을은 땅 위에서 아래로 이어졌다. 지상에서 보면 몇몇 작은 건물들이 전부인 것 같지만 지표면 아래쪽은 제법 너른 마당을 끼고 형성된 동네 같다. 법규에서 제한하는 용적률이 지상을 기준으로 한다는 점에 착안한 기발한 건축이다.

흩어진 작은 건물들처럼 평화롭고 민주적인 건축의 모습을 사진에 담고 싶었다. 맑은 날 강렬한 햇빛 아래 음영이 짙게 드리워진 사진을 찍을 수도 있겠지만, 건물의 양감이 올록볼록 드러난 사진은 자칫 과도하게

느껴질 수 있으므로 해를 피해 사진을 찍었다.

마음에 드는 건축사진을 얻기 위해 종종 재촬영을 하거나 특정한 날씨와 시간을 선정해 때를 기다리는 경우가 있다. 이 사진은 건너편 건물의 옥상에서 찍은 것이다. 관리용으로 벽에 설치된 사다리를 타고 올라가 지붕 위에서 촬영했다. 맞은편에 위치한 백남준아트센터의 개관식 행사 참가객들로 어수선한 분위기였지만, 흐린 날씨에도 불구하고 차분해 보이는 건축의 표정이 마음에 들었다. 사진을 찍은 이날처럼 구름이 꼈어도 대기가 맑은 날이 있다. 흐린 날 느린 셔터 속도를 감안해 감도를 200으로 올렸다. 보행자들의 모습을 또렷이 찍기 위함이다. 흐린 날의 하늘은 위로 갈수록 더 밝은 경우가 많다. 후반 작업 시, 하늘의 밝기가 어느 정도 균일해 보이도록 조절해야 한다는 것을 잊지 말아야 한다.

몬드리안의 그림처럼

출판사의 이름과 잡지의 제목이 같은 '환경과 조경' 사옥 사진이다. 건축주와 건축가의 생각이 일치를 보였는지 건축이 식물을 배려하며 디자인되었다. 건물의 구멍을 통해서 나무가 뻗어 있고 아예 외벽을 타고 식물이 오를 수 있도록 거푸집 고정용 핀을 남겨놓았다. 노출콘크리트, 벽돌, 유리, 창틀, 식생까지 건축을 위해 사용한 재료를 한눈에 볼 수 있도록 디테일한 사진을 찍고 싶었다. 건축의 양감은 빛에 의한 음영으로 표현할 수 있다. 하지만 이 사진처럼 음영이 없는 그늘에서는 건축의 평면적인 모습이 도드라진다. 몬드리안의 그림처럼 건축의 양감을 억제하고 선면이 잘 배분된 평면적인 사진이 건물의 특징을 잘 나타내준다.

이 사진의 아래에 보이는 담장과 자작나무의 배경처럼 보이는 목재 루버까지의 거리는 대략 20m 정도다. 사실은 몇 겹의 공간이지만 압축되어 납작하게 보이는 것이다. 망원 렌즈로 이러한 효과를 낼 수 있는데, 그 특성을 잘 활용하는 일은 촬영자의 몫이다. 건물의 부분이든 몇 겹의 공간이든 어느 곳을 효과적으로 사진에 담으려면 언제가 좋을지 머릿속으로 그 상황을 그려보는 것이 먼저다. 왕도는 없다. 원하는 순간에 그 장소에서 사진을 찍어야 한다.

여기서 알아두어야 할 점은 평면사진이 반드시 평면일 필요는 없다는 것이다. 사진의 맛은 오히려 이를 배반할 때 더해진다. 위 사진처럼 초점거리 100mm 망원 렌즈에 조리개 f8은 그리 깊은 피사계심도_{被寫界深度}*를 보여주지 못한다. 그렇다면 이 사진처럼 공간의 깊이가 있는 곳에서 왜 조리개를 더 조이지 않았을까? 공간의 깊이를 갖는 앵글에서 핀트를 정교하게 배분하여 맞추면(피사계심도 미리보기 버튼을 이용) 핀트가 맞는 정도의 차이에 따라 약간의 공간감이 느껴진다. 그리하여 공간이 압축되어 평면처럼 보이면서 어딘지 모르게 약간의 깊이를 갖는 사진을 얻을 수 있게 되는 것이다.

---

* 피사체를 중심으로 초점이 맞는 전후 거리의 정도를 일컫는다. 카메라와 피사체의 거리가 멀고 조리개를 조일수록 심도는 깊어진다. 피사체심도라고도 한다.

무슨 일이 있었기에

한쪽 건물의 붉은 벽이 예사롭지 않은 노근리 평화기념관이다. 온통 칼
집 자국과 구멍으로 숭숭 뚫려 있다. 무슨 일이 있었기에 기념관의 벽을
이렇게 만들었는가. 그리고 이 건물은 왜 물 위에 서 있는가. 물은 생명
이자 생존을 위한 필수 조건 중 하나다. 그리고 물은 흐르며 다른 것을
씻어낸다. 정화의 기능이 있는 것이다. 그러나 찢기고 구멍 난 상처를 물
로 씻고 보듬기보다는 오히려 아픈 상처로 드러내는 이 벽은 무얼 말하

려 하는가.

지하 입구로 가는 경사로를 지나며 왼편에 자리한 연못과 현관의 입구 옆에서 떨어지는 물은 특별한 연상을 의도하기 위한 건축적 장치다. 아래로 내려가며 눈높이의 수면을 바라보는 관람자는, 그 방향에 있음직한 문제의 쌍굴다리와 주위의 풍경 그리고 물 위에 비치는 빛을 보며 어떤 암시를 받을까.

입구로 들어간 사람들이 60여 년 전 이곳에서 일어난 사건을 통해 분명히 깨닫는 사실은, 그 희생자들이 전쟁과 직접 관련 없는 무고한 민간인들이었다는 것, 그리고 언제든 그린 일들이 우리 주변에서도 유사하게 일어날 수 있다는 것이다. 그렇게 기념관 내부를 한 바퀴 돌아서 나오면 쌍굴다리로 가는 길이 이어진다.

그 길, 상처 난 긴 벽을 지나며 관람자는 또다시 상념에 빠진다. 쾌청

한 날에는 타공판의 구멍이 만든 수많은 총구가 그 길에 쏟아진다. 건축은 곳곳에 이런 장치를 복선처럼 깔아놓고 기념할 것에 대해 암시한다.

이 사진은 아래 수면을 제외한 주변부를 생략하기 위해 두 장을 이어 붙인 것이다. 이 물의 공간은 원래의 설계를 임의로 축소해 지어졌다. 이렇게 함으로써 방문자들을 위한 극적인 장면 하나가 사라졌다는 것이 안타깝다. 뿐만 아니라 지하 입구로 향하는 램프 옆에 계획에 없던 지상로를 내어 원래의 건축 의도를 훼손했다는 사실 역시 씁쓸하기만 하다.

1999년 미국 AP통신의 보도로 수면 위로 떠오른 이 사건은 국내외에 큰 반향을 불러일으켰다. 해소되지 않는 의문의 한가운데서 쌍굴다리는 여전히 과거 한 사건의 현장으로 우리를 인도한다.

야경 사진을 못 찍었으니

현지 지배인과 통화를 한 후 펜션 꼬띠에르의 촬영 일정이 잡혔다. 촬영은 날씨에 민감할 수밖에 없기 때문에 통상 일기예보에 따라 일정을 조정한다. 특히 건축사진은 빛이 좋으면 건축의 양감이 두드러져 보이므로 맑은 날에 촬영하는 것이 유리하다. 그러나 현장 상황이나 다른 이유로 일정이 미리 정해지는 경우도 있기 때문에 맑은 날에만 촬영하기를 기대할 수는 없다. 당시가 그런 경우인데 날짜와 촬영 시간에 제약이 있었다. 내부 촬영은 가급적 정오에 시작해 오후 두 시 전에 끝마쳐달라는 부탁이 있었다. 객실은 모두 여섯 개이고 대부분 연인들이 이용하므로 되도록 눈길을 피하는 것이 최소한의 에티켓이다.

점심 전 양양 현장에 도착했다. 하늘은 구름 한 점 없이 쾌청했다. 어느 곳과는 다르게 주변엔 건물도 없고 길 건너가 바로 해변인 쾌적한 환경이다. 다만 길옆에는 철조망이 길게 서 있었고 밤엔 해변 출입이 불가능한 것이 흠이었다. 건축사진 촬영은 보통 햇빛을 살펴 순광, 사광, 역광을 이용하거나 저녁 또는 새벽에 이루어진다. 이날은 햇빛이 워낙 좋아 건물 주위 여기저기에서 선명한 사진들을 찍을 수 있었다. 그렇게 하루해가 기울고 저녁 사진을 찍을 시간이 되었다. 낮에 지배인에게 상황을 설명하고 협조를 부탁하긴 했지만 내심 마음이 불안하기도 했다.

현대건축은 창이 넓거나 벽면이 모두 유리로 마감된 경우가 많다. 이 유리는 직사광선을 차단하기 위해 코팅한 것인데, 쾌청한 날에 촬영할 경우 유리가 실제보다 더욱 진하게 찍힌다. 따라서 유리의 투명함과 생동감을 보여주기 위해 저녁 사진을 몇 장 찍어둘 필요가 있었다. 그러나 우려했던 대로 이날은 원하는 저녁 사진을 얻지 못했다. 지배인에게 미리 협

조를 구하긴 했지만, 이미 문을 잠그고 외출한 커플들로서는 촬영을 위해 내부 조명을 켜줄 의무가 없었다. 바다 쪽으로 난 큰 창이 달린 방들에 불이 켜 있지 않으니 그 상태로 사진을 찍어봐야 이 빠진 격이었다.

이럴 경우에 사용할 수 있는 방법이 있다. 10월 중순의 동해안은 동남쪽의 수평선에서부터 날이 밝아 온다. 그러면 동트기 직전에 하늘이 밝아질 것이고 전면에 보이는 유리면에 해뜨기 전의 하늘이 비쳐 보일 것이다. 내부 조명을 켠 채 찍는 저녁 사진은 아니지만 그것과는 또 다른 분위기의 사진을 얻을 수 있다. 주의할 점은 해가 수면 위로 올라오게 되면 급격히 콘트라스트가 강한 사진이 되므로 일출 전에 찍어야 한다는 것이다. 안과 바깥이 함께 보이는 카메라앵글의 경우 빛의 세기를 세심하게 관찰해야 한다. 촬영 타이밍을 잘 살피고 밖이 약간 밝을 때 사진을 찍으면 쾌적한 느낌을 담을 수 있다.

어느 새벽에

해미면 근교의 한적함을 간직한 수화림이다. 서울로 유학 갔던 아들이 건축가가 되어 본가를 위해 건축적인 제안을 했다. 때문에 이 펜션은 도회지에서는 보기 힘든 건축적 프로그램으로 구성되어 있다. 모든 가구는 디자이너의 창작물로 구비되어 있고, 방문 시 인근의 좋은 건축물과 사찰 등을 탐방할 수 있도록 코스가 연계되어 있다. 얘기를 들으니 펜션 건축이나 경영에 참고할 곳을 부모님과 함께 다니며 건축적 안목을 키워드렸다고 한다. 가구와 기물, 소품까지도 눈을 즐겁게 한다. 바로 앞에 있는 저수지는 주변이 조용해서 호수라 불러도 될 것 같다.

이 사진은 다른 곳을 먼저 작업하다가 새벽에 찍을 수밖에 없었다. 이른 새벽에 일어나 욕조에 물을 받으며 촛불을 켜놓고 앵글을 잡았다. 동트기 전인데 산 너머의 하늘은 밝아지기 시작한다. 산 밑에 자리 잡은 펜션이어서 그런지 욕조 주변은 아직 캄캄하다. 하늘이 너무 밝으면 밤 풍경이 될 수 없기에 하늘의 밝기에 맞추어 먼저 사진을 찍었다. 그리고 욕조 주위가 좀 더 밝아지기를 기다렸다가 또 한 장의 사진을 찍었다.

사진 속의 하늘은 이미 환하다. 산의 작은 능선 아래에 자리한 집에서 새벽 역광 사진을 찍기 위해선 시간이 필요한 상황이었다. 그러다 문득 어둠 속에서 밝아 오는 능선의 대기감을 효과적으로 표현하는 게 더 좋을 것 같다는 생각이 들었다. 촬영 후 두 장의 사진을 겹치고 지우개의 경도를 솜뭉치처럼 만든 다음 그 가장자리로 먼 산의 8부 능선을 따라 미세하고 부드럽게 지워나갔다. 날이 밝아 오는 하늘과 능선이 자연스럽게 어울리도록 하는 것이 포인트였다.

기적의 도서관

김해에 있는 기적의 도서관은 건축가 정기용 선생의 유작이다. 그 시작은 〈느낌표〉라는 TV 프로그램과의 연계였다. 그 후 전국적인 호응을 받아 전국 곳곳에 기적의 도서관이 지어졌다. 이 사진은 추가로 지어진 도서관의 준공식 행사를 축하하기 위해 그곳을 방문한 날 찍은 것이다. 전날 서울에서 출발해 다음 날 아침 행사장에 도착했다. 적잖이 비가 내리는 가운데 주빈으로 권양숙 여사, 문재인 의원, 도정일 선생이 오셨다. 맞은편 아파트에 올라가 조그만 창틈으로 한 장의 사진을 찍었다. 짐작

건대 설계자는 건너편 동네와 소통하기 위해 도서관의 지붕을 경사지게 했을 것이다. 또한 건물을 세 동으로 나누어 어긋나게 배치한 것도 고만고만한 건너편의 건물들과 조화를 이루기 위해서였을 것이다.

앞에 서 있는 건축이 어떤 배경과 디자인 의도를 가졌는지 촬영자가 다 알 수는 없다. 사진 작업에서 그런 것은 중요하지 않다고 생각할 수도 있다. 그러나 모든 건축에는 저마다의 사연이 있고, 이는 건축적 의도로 반영된다. 또 그 의도는 어떤 방식으로든 읽히게 된다. 그중 기적의 도서관은 지역사회의 어린이들을 위한 건축인 만큼 그 의도가 다양할 수밖에 없다. 낮은 자세를 취한 듯한 건축의 외양은 건너편 마을과 조화롭게 어우러진다. 더불어 사는 삶과 사회를 위해 헌신하는 모습을 떠올리게 한다. 여기에 비 오는 날의 차분함이 더해져 누구 하나 도드라지지 않는 평등한 모습으로 구현되었다. 가히 아름답다.

건축을 둘러싼 작은 소동

아산 영인산 산림박물관의 촬영 일정은 박물관 휴관일에 맞춰 정해졌다. 사진을 의뢰받고 미리 설계 사무소와 연락이 닿아 있던 현장 감리단장과 두 번의 통화 끝에 잡힌 일정이었다. 그런데 무슨 영문인지 감리단장은 입구에서 기다리라고 했고, 함께 온 책임자는 촬영을 허락할 수 없다는 말을 먼저 했다. 건축의 사용권과 저작권이 그 이유였다. 이렇게 말하는 그의 표정은 밝지 않아 보였다. 게다가 그는 내부 사진은 굳이 찍을 필요가 없다는 입장이었다. 그런 그에게 사진 촬영의 필요성에 대해 설명했고 가까스로 두 곳의 촬영 허락을 받을 수 있었다. 그나마 다행인 것은 외부 촬영만은 제지할 수 없다는 점이었다.

안내를 청해 들어가보니 로비와 2층은 목재 루버로 마감된 천장이 검게 칠해져 있었고, 안팎의 노출 차이가 심했다. 시간을 고려해 찍어야 했지만 지금 촬영하지 않으면 다시 허락할 수 없다고 하여 어쩔 수 없이 곧바로 촬영을 시작했다. 내내 지키고 서 있던 그가 촬영한 사진을 확인하려 했다. 그런 그에게 나는 실내등을 켜주시기를 정중히 요청했다. 당시의 공기는 내가 무엇을 만지는 것조차 트집 잡을 듯 무거웠다.

밖으로 나와 외부 촬영을 위해 주변과 능선을 오가는 사이 해가 지고 있었다. 그때 그는 2층의 창에 숨어서 촬영을 감시했고, 나는 이를 애써 무시하며 작업에 임했다. 저녁 무렵이 되자 보완 작업을 위해 부속 전시동의 로비에 불을 켰고, 그사이 밖에서 보는 저녁 사진 촬영을 준비했다. 그런데 그가 부속실의 커튼을 내리는 것이 아닌가. 사진을 찍으려는 것을 보고 들어갔으므로 촬영을 방해하려는 의도로밖에 보이지 않았다. 촬영은 그렇게 우여곡절 끝에 마무리되었다.

며칠 후 옥상 주변의 보완 촬영을 위해 새벽 네 시에 촬영 장소로 출발했다. 동트기 전 먼 산이 중첩되는 산세를 머릿속에 그리며 촬영을 진행했다. 그렇게 새벽 촬영을 마친 아침 일곱 시 반쯤이었다. 철수하려는데 옥상으로 통하는 유리 박스의 계단실 문이 열리고 그가 나타났다. 그는 인사도 받지 않고 대뜸 거기서 뭐하는 것이냐며 호통을 쳤다. 감시카메라에 나타난 화면을 보고 올라왔다고 했다. 더 이상 사람 좋게 넘길 일이 아닌 것 같아 그가 한 무례한 행동들에 대해 하나하나 말했다. 그는 씩씩대며 아침에 감리단장이 나오면 따지겠다는 말과 함께 이내 자리를 피했다.

대부분 사전에 허락을 얻은 후 촬영을 하기 때문에 이런 일은 자주 일어나지 않는다. 현장에서 일이 어긋나 재차 방문하는 경우도 드물게 있지만 이때도 대개는 순조롭다. 만일 이처럼 뜻밖의 일이 현장에서 일어난다면 방법은 달리 없다. 정중히 양해를 구하며 할 수 있는 만큼 촬영하거나 돌아오는 것이 촬영자가 할 일이다. 최선을 다하고 나머지는 그다음을 기약하는 것이 올바른 순서이다.

이 사진은 건물의 비례와 배경의 산이 알맞게 드러나 안정적인 모습을 보인다. 산림박물관이 위치한 봉우리의 북서쪽에는 더 높은 봉우리의 능

선이 이어지고 있었다. 그 끝은 영인산성이 위에서 아래쪽으로 급한 경사 각을 이루며 내리뻗고, 그 옆으로 잘 만든 목재 계단이 설치돼 있었다. 능선을 지나 계단으로 내려오며 몇 장의 사진을 찍었다. 건물 외벽에 돌을 붙여 영인산성에서 바라볼 때 성벽처럼 보이게 디자인한 건축가의 의도를 이해할 수 있을 것 같았다.

버티기에는 너무 무력해

여의도 안보전시장이 있던 자리에 국제금융센터가 지어졌다. 건물의 규모가 월등히 커서 그간 63빌딩으로 대표되던 한국 건축의 높이가 무색할 정도였다. 이러한 고층 건물의 높이는 대기감을 이용해 표현할 수 있다. 그림에서는 멀리 떨어진 물체일수록 명암 대비를 약하게 하거나 색을 흐리게 처리하여 대기 원근법을 표현할 수 있다. 이 사진처럼 역광으로 하늘을 환하게 처리하면 그 빛이 산란되어 건물에 대기감이 생긴다.

지난 십여 년 사이 한국의 건축 규모는 놀랍도록 커졌다. 한국은 해외 유명 건축가들의 시장이 되었다. 선진국들이 빠르게 성장하는 아시아의 건축 시장을 놓칠 리 없다. 그들은 아시아 각국의 건축 설계 사무실과 손을 잡고 시장에 들어왔고, 그사이 한국의 몇몇 설계 사무소들도 비약적인 성장을 이루었다. 시장 경제의 요구를 받아들인 건축의 규모는 날로 커졌으며 대형 설계 사무실들이 나타났다. 그 규모에 편입되지 못한 소규모의 설계 사무소는 점점 설 자리가 없어지고 있다. 여기에 건축의 일괄 수주 방식은 설계의 진정성보다는 사업성에 초점을 맞추고 있다.

건축 설계는 건축가가 하는 일이다. 건축 디자인이 외부의 간섭을 받

는 순간 그 결과는 어느 누구도 책임질 수 없는 선을 넘는 것이다. 건축
가는 건축으로 자기 존재를 증명한다. 사업의 논리로 지어진 건축은 우
리의 삶을 버티기에는 너무 무력하다. 저항해야 한다. 그러나 그 저항은
지난 세기처럼 환상적 유토피아를 꿈꾸던 방식이어서는 안 된다. 지금까
지 쌓아온 궤적 위에 더 나은 당대의 요청을 겸허히 반영해야 한다.

그렇다면 이때 건축사진은 무엇을 할 수 있는가. 대안적 관점의 건축
이미지를 만들어내야 한다. 그리고 이를 통해 서로 공감대를 이루어야
한다. 시장의 논리가 개입된 건축사진은 더욱 화려한 이미지만 두드러질

뿐이다. 그렇게 완성된 건축사진은 사람들의 공감대를 얻지 못한다. 덜 웅장한 건축사진이 더 윤리적일 수 있는 것이다. 다행히 최근 들어 소규모 건축을 중심으로 많은 변화가 일어나고 있어 건축에 다시 한번 희망을 품을 수 있을 것 같다.

흔들리지 않는 손

제주 롯데아트빌라스는 공간을 다섯 블록으로 나누어 다섯 명의 건축가들에게 디자인을 맡겼다. 이를 효과적으로 보여주기 위한 앵글은 미리 생각해두고 있었다. 조감도처럼 공중에서 촬영하는 것이다. 모형 헬기를 이용해 근접 거리에서의 촬영을 검토했다. 그러나 의뢰받은 사진 대부분이 저녁노을을 배경으로 하는 것이어서 공중에서 저녁 사진을 찍을 수 있을지 의문이었다. 하지만 크레인을 이용한다면 못 찍을 것도 없다. 현장 상황에 변수만 없다면 말이다.

한라산 중간에 위치한 리조트는 80여 채의 건물이 모두 남쪽 경사지에 위치해 있다. 블록 안의 몇 가닥 길만 지형을 따라서 포장되어 있고 모두 구불구불한 길이다. 각 공간마다 달리 디자인된 집들을 효과적으로 보여주기 위해서는 절대적인 포인트가 필요했다. 내리막길에서는 크레인을 타고 올라가도 높이감이 제대로 표현되지 않는 것이 문제였다. 또한 저녁 사진은 촬영할 수 있는 시간이 한정되어 있다는 것도 고려해야 했다. 열 번 가까이 크레인을 옮기고 오르내리며 촬영을 했다.

처음에는 실내 조명이 다 들어오지 않아 야경 사진을 찍을 수 없었다. 다음 날 소식을 듣고 서울에서 책임자가 내려왔고, 현장에서 손수 지

시하며 실내의 조명을 모두 켤 수 있었다. 불과 몇십 분 동안 여덟 포인트에서 저녁 사진을 찍어야 했다. 작업은 크레인에서 진행되었기 때문에 어느 정도의 흔들림은 감수해야 했다. 그 흔들림을 조금이라도 줄여 정확한 앵글을 잡기 위해 삼각대를 쓰지만, 저녁때이고 저속 셔터여서 삼각대는 무용지물이었다. 차라리 손에 들고 빠르게 촬영하는 것이 나을 것 같았다. 주변이 어두워짐에 따라 감도를 800에서 1600으로 올려가며 촬영을 했다. 마지막에 찍은 사진은 아마 감도 6400에 f5.6~8 정도였을 것이다. 한 장소에서 여러 장을 찍다 보면 그중에 한 장 정도는 건질 만한 사진이 있게 마련이다. 나는 빠른 속도로 사진을 찍어나갔고 그중 괜찮은 사진을 얻었다.

윤동주문학관

수돗물을 가둬놓았다가 주민들에게 공급하던 청운동 수도 가압장이 시인 윤동주를 기리는 문학관으로 거듭났다. 건축가는 설계를 완료한 시점에 수돗물을 보관하던 탱크를 발견하고 속으로 기뻐했다고 한다. 이야깃거리가 있다면 건축에 울림을 주는 데 큰 도움이 될 것이다. 오랜 시간의 더께 위에 새로운 이야기를 덧씌우는 것만큼 흥미로운 일이 있을까. 건축이 재생에 관심을 가진 지가 아주 짧다고 할 순 없겠으나 한국의 상황에 비추어보면 얼마 되지 않은 것 같다. 많은 사람들에게 사랑받는 장소로 거듭난 선유도공원이 그 좋은 예다. 폐기된 정수장에 새 생명을 불어넣은 드문 사례로 기억된다. 패러다임의 전환을 보여준 것이다.

공사가 완료되었음에도 물탱크의 내부 바닥은 물로 흥건히 젖어 있었다. 옆구리에 터놓은 출입문 쪽으로 커다란 환풍기가 쉴 새 없이 돌아가고 있었지만 물이 담겨 있던 세월만큼이나 눅눅하고 축축했다. 한증막의 더운 눅눅함이 아닌 서늘하고 무거운 축축함이었다. 우연의 일치일지 모르지만 기계도 그런 상황을 알아보는 것 같았다. 머문 지 채 몇 분이 되지 않아 PC 렌즈에 탈이 생기고 만 것이다. 위에서 떨어진 작은 부스러기가 렌즈의 틈 사이로 들어갔는지 작동을 멈춰서 더 이상 사진 촬영을 할 수 없었다.

이 사진은 문학관 개관 후 현장이 정리됐을 때 찍은 것이다. 위에서 떨어지는 빛은 원래 물탱크 관리를 위해 사용하던 출입구에서 내려오는 빛이지만, 이렇게 보니 신비로워 보인다. 그리고 거기에 붙어 있던 철제 사다리의 흔적은 우리를 생각에 젖어들도록 유도하는 듯하다. 어둠 속을 비추는 빛과 사다리 그리고 사람에 대해 되새기게 한다. 빛을 희망이라고 생각해보자. 저 사다리를 오르면 희망으로 가까이 다가갈 수 있지 않을까. 건축가의 혜안이 오래된 물탱크를 아름다운 성찰적 공간으로 다시 태어나게 했다.

Hall B

역사의
공간

역사의 공간에 걸려 있는 사진은 전통
건축사진이다. 전통건축사진을 찍는
일은 오랜 시간의 더께 위에 새로운
이야기를 덧씌우는 작업이다. 전통건
축은 더 이상 과거에 머무르지 않고,
도시형 한옥으로 거듭나 우리의 삶 속
에 함께 존재한다. 그곳에는 조상들의
고즈넉한 발자국이 새겨져 있다. 아득
하면서도 생동감 넘치는 그 발자국을
따라 전통건축에 한 걸음 더 가까이
다가가보자.

역사의
공간

한옥은 이 땅에서 형성된 주거 형태이다. 그 건축을 위해 나무, 돌, 흙 등이 사용되었으며, 그중 나무는 한옥의 형태를 결정짓는 데 가장 큰 기여를 했다. 한옥은 오랫동안 전승되면서 지금의 모습을 갖췄으며, 그 속에는 자연을 거스르지 않는 조화와 지혜가 담겨 있다. 근대로 접어들며 도시화의 진전과 변모하는 생활 방식을 따라 양식집이 선호되면서 전통건축은 쇠락의 길에 있었다. 특히 생활의 편리성을 내세우며 등장한 아파트는 주거의 상품화를 부추겼다. 그러나 아파트의 포화 상태와 사회적 인식의 변화로 한옥이 새로운 도시 주거의 대안으로 다시 나타나기 시작했다. 현대 한옥은 도시 생활에 필요한 시설을 재배치하며 전통건축을 일상에서 즐길 수 있도록 새로운 공간을 제공한다.

도시형 한옥

종로 계동 청송재의 내부 사진이다. 한옥의 미에 생활의 편리함을 더한 대표적인 도시형 한옥이다. 도시형 한옥은 우리에게 정서적 친근함을 주며, 이는 삶의 품격을 배가시킨다. 오랜 세월 동안 정착된 이 땅의 주거 형태로서 풍토적 완결성을 갖추고 있기 때문이다.

이 사진에서는 벽지의 흰색이 깨끗하게 보이도록 찍는 것이 중요했다. 촬영 시간대는 밤보다 낮이 좋을 수 있다. 밖에서 들어오는 산란된 태양광은 어느 순간 방 안을 빛으로 충만하게 만든다. 방이 화사해지는 그 순간 깨끗한 벽을 사진에 담을 수 있다. 촬영 타이밍은 어떤 사진을

원하는지에 따라 다르다. 상황에 적합한 순간을 찾아내는 것이 관건인 것이다. 낮이라도 방에 직사광선이 드리워져 그림자가 생기면 피하는 것이 좋다. 사진에서 보듯 창으로 스며드는 빛의 밝기와 실내 조명 밝기의 비례가 뚜렷할 때에는 조명 기구의 불이 켜져 있는 정도의 효과만을 연출하는 것이 좋다. 안팎의 빛이 엇비슷한 경우에는 반드시 잡색이 돌기 마련이고 때에 따라서는 사진이 우중충해진다. 어두워서 실내 조명만으로 촬영할 수밖에 없는 사진은 아무 때라도 상관없다.

한옥 사진에서 방 안을 찍을 때는 선 채로 촬영하지 않는 것이 좋다. 그곳에 놓인 물건들은 앉아서 볼 때 익숙하고 편안해 보이기 때문인데 실제로 서서 찍은 사진들을 보면 방 안의 사물이 다르게 보이는 것을 알 수 있다.

북촌 한옥 동네의 지붕과 처마는 마치 삿갓을 치켜든 것 같다. 이들이 함께 모여 있는 광경은 아름다움을 자아낸다. 이러한 형태의 반복은 편안함의 미학이라 할 만하다. 한옥의 처마가 물결치듯 출렁이는 장관을 다시 한번 보고 싶다.

한옥의 직선미

혜곡 최순우(崔淳雨, 1916~1984) 선생의 옛집이다. 전통건축은 자연 재료를 이용해 집을 지었기에 곡선이 많으나 최순우옛집에 나타난 직선도 우리의 한옥이 가진 아름다움이다. 직선이되 자연스런 직선. 눈맛이 상큼하다. 한옥의 현대성이다.

혜곡 선생이 생전에 쓰시던 사랑방이라 어느 물건도 그저 들어앉은

것처럼 보이지 않는다. 서안, 필통, 연적, 벼루, 사방탁자 그리고 격자 유리문 모두 조화롭게 어우러져 있다. 모두 그곳이 본래의 제자리인 것처럼 보인다. 밖으로 내다보이는 뒤뜰은 조용하고, 벽면과 창틀이 갖는 직선의 비례는 아름답고 멋있다. 방 안에서 내다보이는 바깥 풍경은 안쪽보다 약간 밝아야 아늑하다. 이러한 내부와 바깥의 밝기를 살펴서 알맞은 때에 촬영하는 것이 바람직하다. 내부가 밝아 보이는 것은 이쪽에 난 출입문을 통해 빛이 들어오기 때문이다. 이처럼 실내의 불을 켜지 않아도 자연스러운 사진을 찍을 수 있는데, 도시형 한옥이 아닌 경우라면 그대로 촬영하는 것이 좋다.

흑백 사진은 엄밀히 말해 현실 세계가 아니다. 우리의 눈은 세계를 흑백이 아닌 컬러로 인지하기 때문에 그 점에서 보면 일리 있는 말이다. 흑백 사진은 묘한 매력을 풍기는데, 저 사진 속의 휘어진 소나무는 어느 수묵화에서 본 듯 반갑게 느껴진다. 혜곡 선생의 안목이다. 개성박물관의 말단 서기에서 시작해 국립중앙박물관장에까지 오른 선생의 전기『혜곡 최순우 한국미의 순례자』출간을 기념하는 자리다. 생전의 지인과 손님 들이 떨어지는 비를 피해 처마 밑에 앉아 있다. 비에 젖은 나무와 손님이 어우러진 그날의 풍경은 마치 한 폭의 문인화를 보는 듯하다. 필름 두 장 면적의 넓은 각도는 렌즈가 돌아가는 노블렉스noblex 카메라로 얻은 것이다.

더 늦으면 불리하고

한옥을 개조해 지은 혜화동사무소다. 생각만으로 그치기 쉬운 일을 행동으로 옮긴 결과다. 현대도시 속에서는 유별나고 특이해 보이지만, 사실

예전의 관청은 모두 한옥이었다. 내부 조명이 등불 대신 전기로, 벽면이 통유리로 바뀐 것만 다르다.

여름이었고 날은 흐렸다. 때문에 하늘은 우중충하고 습기로 가득했다. 주위가 어두워지기 시작하면 상대적으로 내부 조명이 환해진다. 예부터 사가나 관청의 건물은 단청이 허락되지 않았으니 처마 밑이 검게 칠해져 있다. 내부의 모습이 들여다보이는 저녁 사진은 시간이 조금 더 지나 하늘이 어둑해질 때 찍으면 좋겠지만, 그때까지 기다리고 있을 상황이 아니었다. 비가 오려는 듯 축축하고 습한 공기가 가득해 벌써 주변은 어두워지고 있었다.

이런 상황에서 컴컴한 처마 밑은 시간이 더 늦으면 불리하고, 사진이 보여주려는 것은 이 순간이면 충분하다. 한옥의 안팎을 둘러보니 본래 보통의 만만한 한옥은 아니었다는 생각이 든다. 상당한 공력으로 기단을 따라 돌린 돌난간과 조각상뿐 아니라 도톰하게 공들인 정원과 희미하게 보이는 주련 등이 이를 증명해준다. 한옥이 가진 지혜가 현대도시 속 동사무소로 발현되었다.

촬영 전후의 사진

아름지기 사옥은 안으로 조그만 마당을 지닌 도시형 ㅁ자 집이다. 전통 문화유산을 지키기 위해 자발적으로 활동하는 사람들의 공간이다. 일상적인 삶을 위한 곳이 아닌지라 사옥 곳곳이 정갈하게 정리되어 있다. 본래 마당은 마사토를 섞어 다진 흙 마당이 제격이나 이처럼 돌을 마당에 깔아놓으니 마치 실내 같기도 하여 색다른 분위기가 난다. 특히 비 오는 날 젖은 흙

이 염려스러운 사람들에게는 관리 차원에서 이런 마당이 더없이 좋겠다.

열린 지붕 너머로 장성한 나무가 서 있는 것이 보인다. 저 나무의 밝기가 적절한 순간에 사진을 찍으면, 시선을 밖으로 빼앗기지 않을 것 같았다. 그러면 작은 마당도 차분하게 보여 전체적으로 정리된 사진을 얻을 수 있을 것이다. 짧은 거리에서 위의 열린 지붕과 마당을 함께 보여주려니 다소 무리한 초광각 줌렌즈를 달았다. 지금보다 조금 뒤로 빠질 수 있는 거리가 있었지만, 그러면 사진 위에 보이는 문인방이 아래로 내려온다. 문인방이란 문을 낼 수 있도록 가로지른 부재인데, 이 때문에 열린 지붕이 가려지면 담으려던 나뭇가지가 나오지 않게 된다.

기억하건대 렌즈의 초점거리가 17mm 정도였을 것 같다. 공간을 모두 사진에 담으려니 원근이 과장되어 부담스러웠다. 앞과 뒤에 놓인 사물의 크기가 너무 크거나 작아 보였기 때문이다. 이 사진이 찍힌 촬영 시간대의 전후에 찍힌 사진이 어떻게 다를지 상상해보는 것도 좋겠다. 전이라면 열린 지붕의 밖이 환하며 내부는 어두워 보일 것이며, 후라면 열린 지붕의 밖은 캄캄한 반면 내부는 너무 밝아 그저 희게 보일 것이다.

몇 가지 첨언하자면 사진에서 구성과 구도라는 용어는 사용하지 않는 것이 좋다. 회화처럼 도식적일 수 없는 것이 사진이며, 무엇보다 사진은 대상과 맞닥뜨리는 현장성을 가지고 있기 때문이다. 18세기 초반 유럽에서 살롱 문화가 시작된 이래 19세기 후반에서 20세기 중반까지는 살롱 사진이 유행했던 시기이다. 사진의 우열을 가리려는 각종 경연이 난립하던 때였다. 이 과정에서 회화의 용어인 구성과 구도가 사진에도 적용되었는데, 이는 입상에 구조적인 영향을 주었다. 따라서 사진에서 구성과 구도를 지나치게 강조하는 것은 퇴행적이며, 적절하지 않다. 씨줄과 날

줄로 직조를 하듯 상당한 시간의 공력으로 완성되는 회화와, 기계를 이용해 현장성을 포착하는 사진 사이에는 우열이 아닌 분명한 '다름'이 존재하는 것이다. 물론 현대사진의 경우 사물의 흔적을 장시간 포착하여, 누적된 순간들을 통해 오히려 회화보다 더 시간성을 더욱 잘 드러내기도 한다. 또한 사진은 기계를 겨냥하여 촬영을 하므로, 슈팅이라는 말에서 볼 수 있듯이 찍히는 사람이 이를 폭력적으로 느낄 수 있다. 특히 상대가 친숙해질 시간도 없을 때는 더욱 그렇다. 이처럼 사진은 회화와는 다른 심리적인 차이를 가지며, 이는 사진만의 딜레마라 할 수 있다.

산 자들의 공간과 죽은 자들의 공간

종묘 정전 태실 앞에 중첩된 툇간이다. 반복되는 판문과 열주 그리고 우물 정자로 보이는 천장의 반자들을 담고자 했다. 이 셋을 충족하는 시점을 찾기 위해서는 정전을 정면에서 바라볼 때 툇간 좌측 하단의 낮은 곳에서 우측을 바라볼 수밖에 없다. 맞은편에서 비슷한 사진을 얻을 수 있지만, 좌측의 서월랑이 벽으로 막혀서 사진이 답답하게 보일 수밖에 없다.

이 셋을 충족하는 시점에도 한 가지 단점이 있다. 계속 반복되는 열주의 바깥은 아주 밝은 반면, 툇간 상단의 반자 아래는 상대적으로 어둡다. 이처럼 노출 차이가 심할 때는 오히려 약간 흐린 날이 촬영하기에 좋다. 툇간의 공간을 효과적으로 담기 위해 90mm TS-lens*를 달았

---

* 통칭 PC 렌즈이며 캐논 렌즈의 명칭이기도 하다. 17mm, 24mm, 45mm, 90mm가 있다.

다. 열주의 주춧돌이 연이어 보이도록 시점을 툇간 우측 하단의 낮은 곳을 겨냥한 후 좌측으로 약간 앵글을 틀었다. 그 결과 열주와 태실의 판문이 연속해서 중첩돼 보이는 사진이 완성되었다. 이제 천장을 프레임에 담기 위해서는 원근 조절이 가능한 렌즈의 앞부분을 밀어올리고 촬영하면 된다.

매년 5월 종묘제례일에는 이곳 정전 태실의 판문이 열리며 신실에 제상이 놓인다. 산 자들이 죽은 자들의 공간으로 나아가 그들에게 다가가는 날이다. 죽은 자들은 일상의 순환에서 벗어나 침묵과 정적의 공간에 머무르며, 산 자들은 그들의 신주를 알현한다. 그러나 그 둘의 공간, 즉 어둠의 공간과 밝음의 공간이 그대로 마주칠 수는 없다. 툇간과 판문이 바로 그 역할을 맡고 있는 것이다. 판문이 열리고 신실 속 휘장이 드리워

진 너머는 죽은 자들의 공간이다. 그곳은 어둠과 함께 신주가 모셔져 있다. 그에 반해 산 자들의 공간은 빛으로 충만하다. 빛 아래에서는 삶을 위해 갖춰야 할 것들이 많으나 죽은 자들의 공간에서는 모든 것이 생략된다. 그렇다고 그 공간 자체가 죽어 있는 것은 아니다. 다만 그런 것들이 무의미할 뿐이다.

한 폭의 산수화처럼

해인사에서 가장 오래된 건물인 장경판전은 13세기에 완성된 팔만대장경 경판 8만여 판을 보존하는 곳이다. 장경판전은 정면 열다섯 칸의 두 건물이 남북으로 나란히 배치되어 있다. 남쪽에는 수다라장, 북쪽에는 법보전이 있으며 동쪽과 서쪽에 작은 규모의 동사간판전과 서사간판전이 있다. 건물은 판전의 기능만을 충족시키기 위해 구축된 듯 장식적 의장을 하지 않은 간결한 모습이다. 전후면 창호의 위치와 크기는 서로 다르다. 원활한 통풍과 방습, 실내 적정 온도의 유지, 판가의 진열 등 모두가 과학적이고 합리적이다. 사진에서 보이는 마당의 높낮이와 흙까지도 예사롭지 않다. 배수와 통풍의 과학적 원리가 외부 환경에까지 치밀하게 적용된 것이다. 이것이 바로 한국형 과학이다. 기능이 형태를 부른 아름다운 한국의 건축이다.

장경판전과 그 너머로 보이는 순한 산등성이가 잘 어울린다. 스러지는 빛은 부드럽다. 낮의 강렬함이 남성적이라면 아침저녁의 부드러운 빛은 이처럼 대지를 애무하는 듯 여성적이다. 연속적으로 반복되는 판전의 창호들과 멀리 보이는 산마루는 한 폭의 산수화처럼 아름답기 그지없다. 세계문화유산으로 등재된 건물답다.

　94년부터 두 해 동안 K출판사의 학생백과사전에 쓰일 사진을 촬영하기 위해 전국을 돌아다녔다. 효과적인 업무 수행을 위해 필요한 곳은 사전에 공문을 보내 협조를 얻었다. 해인사 팔만대장경과 그 보관소의 내부 촬영도 그 절차에 따라야 했다. 그렇게 허가를 받은 뒤 촬영을 진행할 수 있었다. 촬영 날 종무소에 들러 절차를 마치고 안내를 받아 장경판전에 들어갔다. 한 스님께서 문을 열고 내부 안내를 해주셨는데, 그분이 그곳의 책임자이셨다. 그런데 잠시 후 차분한 어조의 목소리로 나를 질책했다. "여기가 어딘데 담배를 먹고서 들어왔느냐!" 순간 나는 얼굴이 화끈거리는 것을 느끼며 잘못을 인정할 수밖에 없었다. 그때 동행했던 사진가 우종덕이 그 당시를 기억할지는 모르겠지만 내겐 결코 잊을 수 없

는 순간이다. 지금은 담배를 끊은 지 오래되었지만 나는 아직도 그 담배 맛을 알고 있다. 오랜 시간이 지나도 사라지지 않는, 입이 아닌 가슴이 기억하는 쓰린 맛이다.

자잘한 일상

격자무늬 문살과 열린 문으로 자잘한 일상이 보인다. 전주 교동의 한옥마을을 상징하는 사진을 찍으러 돌아다니다가 삼원당 한약방의 안채로 향하는 문이 열려 있는 것을 발견했다. 호기심이 발동해 빼꼼 들여다보니, 안뜰에는 오랫동안 주인의 보살핌을 받은 듯 아담한 정원과 화초가 함께 보였다. 뭔가 있을 것 같은 기대가 생기는 공간을 호기심 많은 사람이 그냥 지나칠 리 없다. 참새가 방앗간을 그냥 지나칠 수 없듯 말이다. 마음을 졸이며 나도 모르게 슬금슬금 안으로 들어가는데, 인기척을 느낀 주인장 눈이 휘둥그레

지며 누구냐고 묻는다. 이럴 때는 방문 목적을 설명하는 편이 도움이 되므로 사진 취재를 왔다고 밝혔다.

어디에서 왔냐는 주인장의 질문에 대통령자문기구라고 대답한 것이 화근이었다. 평소 정치에 관심이 많던 주인장이 정치 이야기를 시작하신 것이다. 예의를 갖춰 맞장구를 치다 보니 시간은 어느덧 두 시간가량 흐르고 있었다. 찰나의 순간을 잡아 사진을 한 장 찍어도 될지 부탁드리자 그렇게 하라고 하신다. 처음 호기심을 자극하던 그 모습을 담고 싶어 아까처럼 계속 그림을 그려달라고 말씀드렸다. 주인장이 다시 붓에 먹을 찍어 댓잎을 치기 시작했다.

나는 개인적으로 이 사진이 좋다. 오랜 기다림 끝에 사진을 얻어서가 아니라, 살아 있는 전통적 일상의 모습이 사진에 그대로 담겨 있기 때문이다.

남다른 인연

의성김씨 종택 문간채의 대문을 들어서면 펼쳐지는 풍경이다. 오른편의 안채와 왼편 깊숙한 곳에 2층 사랑채가 보인다. 2층의 사랑채에 딸린 툇마루 주변이 눈길을 사로잡는다. 특이한 것은 가마솥의 위치다. 안채가 아닌 사랑방 툇마루 아래에 있는 가마솥은 주변의 구조와 위치로 보아 처음부터 있었던 것 같다. 처음부터 지금까지 종가의 대소사를 묵묵히 수행해온 듯 조용하고 단단하다. 내외의 구분이 엄격했던 조선시대 유교문화 속에서, 더욱이 체통을 지키며 예를 갖추는 것이 일상이었던 종가집에 숨어 있는 묘한 울림과 해학이다.

동백나무가 방향을 잡고, 그 사이로 난 계단 챌판의 비례가 1, 2, 2,

3, 5인 것이 예사롭지 않다. 평지를 걷다가 갑자기 높아지기보다는 계단을 딛다가 차츰 높아지는 것이 생리에 맞을 것이다. 품위와 절도가 있는 단정한 계단이다. 가운데 보이는 작은 문을 열고 뒤쪽으로 나서면 또 어떤 지혜가 기다리고 있을지 자못 궁금하지만 금방이라도 사랑방의 격자문이 열리고 주인이 내다볼 것만 같다.

한 뼘 남짓한 마지막 해가 오른편 안채에 걸렸다. 한풀 꺾인 햇빛이 맞은편에 순하디순한 빛을 떨어뜨린다. 이 사진을 찍으려 행랑채에 딸린 대문간에서 8×10 카메라를 세트하고 기다리고 있었다. 그때 느닷없이 한 사내가 목에는 라이카, 손에는 또 다른 카메라를 들고 눈앞에 나타났다. 만난 적은 없지만 나는 그를 알고 있었다. 사진가 권태균이다. 1997년의 기억할 만한 조우다.

극락이 이럴까

부석사 안양루 너머로 소백산의 준령들이 아스라이 겹쳤다. 사찰 경내의 전각들은 산세를 따른 진입로에 맞추어 방향을 잡았다. 안양루와 무량수 전만은 제외하고 말이다. 이 둘이 남쪽을 향하고 있는 것을 두고 혹자는 아미타불이 서방정토에 머물고 있다는 교리적 상징을 고려한 건축적 장치라고 해석하기도 한다.

안양루 밑을 지나 계단을 딛고 올라서면 석등과 무량수전이 보이기 시작하는데 석등이 약간 왼편으로 치우쳐 보인다. 사람들이 자연스레 오른편으로 빠져나가도록 하는 역할을 이 석등이 맡고 있는 것이다. 슬며시 왼편을 막아선 이 석등이 있기에 사람들은 자연스레 그쪽으로 가길 포기하게 된다. 은연중 무량수전의 출입문과 삼층탑을 거쳐 동편으로 이끌려가는 것이다. 그곳에는 의상대사의 진영을 봉안한 조사당이 있다. 무량수전 안에서 시방 정토를 향해 절을 한 후 이 사찰의 창건주를 만나도록 설정한 동선이다.

마당에서 뒤를 돌아 올라오던 곳을 바라보면 속세가 한눈에 보인다. 마치 질기고 질긴 신고苦苦의 삶이 펼쳐진 듯하다. 카메라에 오래된 apotar lens*를 붙였다. 렌즈의 코팅이 단조롭던 시기의 렌즈라 사진이 부드럽게 찍힌다. 늦가을의 짧은 해는 남서쪽으로 기울고, 구름에 가린 역광의 부드러운 빛은 소백의 준령을 겹겹이 드러내며 주위를 차분한 빛으로 적셨다. 극락이 이럴까.

---

* 독일제 렌즈의 하나로 비교적 옛날 렌즈에 속한다. 렌즈의 코팅은 유리면을 통과하는 빛을 효과적으로 받아들이기 위해 필요한 것으로, 이에 따라 사진의 느낌도 달라진다. 예전의 싱글 코팅 렌즈로 찍은 사진은 약간 부드러운 반면, 현대의 렌즈로 찍은 사진은 강하고 선명하다. 최근의 렌즈는 여러 겹으로 코팅되어 있어 빛의 투과율이 높기 때문이다.

마음의 눈

개심사 해탈문 아래에 직사각형의 못이 있다. 큰 바위에 蓮池라고 쓰여 있는 것으로 보아 못의 이름은 연지일 것이다. 계곡 물을 이용해 조성한 인공의 못은 이 절집의 가장 중요한 장치이며 뛰어난 집 짓기의 개념을 보여준다. 절집으로 들어가기 위해서는 앞에 보이는 길로 걸어가 한가운데에 걸쳐 있는 외나무다리를 건너야 한다. 외나무다리는 길이도 길고 폭도 좁아 건너기에 만만치 않아 보인다. 물에 빠지지 않으려면 정신을 집중해야 한다. 이런저런 고민거리나 잡생각이 끼어들 겨를이 없다. 자연스레 한 가지 일에 집중할 수 있어 마음이 차분해진다. 그렇게 마음을 열고 또 마음의 눈을 뜨라고 스스로를 일깨운다.

산하의 환경이 대체로 살기 좋은 편에 속해서 그런지 우리의 건축은 자연에 순응하는 원리로 지어졌다. 서구와는 다른 방식이다. 동양의 정서가 대개 그렇지만 오랫동안 형성된 불교와 유교의 문화적 정서 때문인 듯하다. 우리 조상들은 자연과의 합치를 통한 화해의 삶을 살아왔다. 필요한 순간에도 과하지 않고 적절한 만큼만, 때로는 최소를 지향하며 자연을 이용했다. 본받아야 할 무형의 유산이다.

흑백 필름의 현상이 잘되었다면 원하는 사진을 얻기가 한결 수월해진다. 한낮의 강렬한 빛은 앞쪽의 길을 비추고, 외나무다리에 음영을 드리웠다. 오래된 나무등치의 질감을 살리기 위해서 어두운 부분이 잘 나타나는 감감 현상pull processing*을 했다. 덕분에 절집이 의도한 조영 의도와 그에 따른 방향성과 목적성이 잘 드러나는 사진이 되었다.

그 후 어느 날 이곳에 들르게 되었다. 그러나 다시 가본 그곳은 예전의 '그곳'이 아니었다. 새로 쌓은 왼편 석축은 멀끔했고 난데없는 커다란 돌확이 연지의 중앙에 자리 잡고 있었다. 물을 가득 채워서 그런지 자연석에 새긴 연지 글자가 보이지 않았다. 게다가 오른편 작은 나무들이 모두 잘린 모습은 요새 급해지기만 하는 절집의 속내를 본 것 같아 쓸쓸했다. 변화야 어쩔 수 없는 것이겠지만 이런 식으로 바뀌는 곳은 왠지 다시 갈 엄두가 나지 않는다.

---

* 노출이 과다한 컬러 네거티브 필름을 보정하기 위해 발색 시간을 줄여 현상하는 것을 말한다. 입자가 개선되고 선명도에 큰 차이는 없으나, 전체적인 콘트라스트가 감소하여 약간의 색상 왜곡이 있을 수 있다.

지혜의 칼을 찾는 집

선암사 심검당尋劍堂이다. 지혜의 칼인 취모리검을 찾는 집이다. 취모리검이란 날 위에 얹힌 머리카락을 가벼운 입김만 닿아도 잘라버릴 정도로 예리한 칼을 말한다. 불가에서 취모리검은 무지와 번뇌를 표상하는 무명초를 베고 진리인 혜명을 얻어 깨달음에 이르는 수단이다. 심검당은 스님들이 수행하는 집이고, 내실에 해당하므로 외인의 출입이 제한된다. 2층에 해당하는 다락마루는 음식물 보관을 위한 창고로, 무더운 여름날에는 스님들의 서늘한 쉼터로 사용된다. 가꾼 듯 가꾸지 않은 듯 보이는 안마당의 화초는 고졸하고, 세상의 번민과 담을 쌓은 집은 마당도 화초도 모두 무심하다. 아름다운 선방이다.

이러한 고건축을 사진에 담을 때는 주의해야 할 것이 있다. 고건축을 피사체로만 보기보다 거기에 담긴 시간과 정신, 부유하듯 존재하는 공기감을 보는 것이다. 그 시대의 인물과 사상, 역사적 배경을 함께 볼 수 있으면 좋겠으나 어려운 일이다. 다만 그 집에 얽힌 사실만이라도 알면 큰 도움이 될 것이다.

또한 꼭 필요하지 않다면 원근감이 강조되지 않도록 하는 것이 좋다. 한옥의 처마나 화각이 불필요하게 과장되면 자칫 그곳의 분위기가 달아날 수 있기 때문이다. 안타깝게도 가슴 저리듯 아름다운 저 마당이 지금은 다르게 바뀐 것으로 안다.

Hall C

도시의
공간

도시의 공간에 걸려 있는 사진은 도시
를 대상으로 한 기록이자 예술이다. 도
시에서 살아가는 사람들의 삶이란 참
다양하다. 그러므로 이들의 삶은 담은
건축 또한 다양할 수밖에 없다. 주거지
를 허무는 일이 단순히 건축물을 부수
는 것과는 다른 이유는 그곳에 사람들
의 삶과 이야기가 녹아 있기 때문이다.
그렇기에 도시 기록은 의미와 가치가
있으며, 무심히 넘길 수 없는 우리의
현 과제이다.

도시의
공간

도시에서 살아가는 사람들의 삶은 다양한 형태를 띤다. 건축은 이런 저마다의 삶을 담는 그릇으로서 그 도시가 성장하고 낡아짐에 따라 함께 변한다. 필요한 시설을 구축하고 낡은 곳을 새롭게 고쳐서 도시민의 편의를 위해 같이 성장해야 하기 때문이다. 건물이 낡았다고 모두 새로 지을 수 없듯이 도시의 많은 부분을 차지하는 주거지를 재개발하는 데는 지혜가 요구된다. 한순간에 동네 전체를 없애고 대규모 주거 단지를 조성하는 행위는 많은 것을 잃게 한다. 오랜 시간 동안 형성된 고유의 삶과 가치를 잘못 쓴 글을 지우듯이 손쉽게 없앨 수는 없다. 그곳 사람들의 삶과 그에 얽힌 이야기를 일시에 끊어버리는 것이 과연 옳은 일인가.

동네를 형성하는 도시민의 삶은 단순하지 않기 때문에 하나의 시선과 잣대만으로 판단할 수 없다. 사람은 자신이 원하는 곳에서 살 권리가 있다. 어느 때에도 한 무리의 도시민이 자신의 의지와 상관없이 자신들의 삶터에서 내몰리는 일은 없어야 하겠고, 도시는 균형을 이루며 도시민을 품을 수 있도록 공을 들여야 한다. 여기 기록에서 예술까지 도시를 대상으로 한 다양한 사진이 있다. 이 모두가 소중한 것은 이곳에 한때의 모습과 정경이 오롯이 담겨 있기 때문이다.

시골 같은 도시

북아현1동 근처의 아파트 옥상에서 얻은 사진이다. 대개 아파트 옥상은 안전을 위해 잠겨 있는데, 이곳도 그랬다. 그런데 마침 인상이 좋아 보이는 한 어른이 무엇인가 손을 보며 경비실에 계셨다. 정중히 인사를 했다. 그리고 개인 사진가이며, 도시 주거지를 사진에 담고 있다고 방문 용건을 말

씀드렸다. 이렇게 물으면 대개 무슨 일로 그러는지 반문이 온다. 이때 좀 더 자세히 설명을 드리면 촬영을 허락해주기도 하는데, 이 사진도 그렇게 해서 얻은 것이다. 자신이 원하는 사진의 느낌을 정확히 알고 있다면 위치를 정하는 일은 훨씬 수월해진다. 아래에서 보면 어느 곳이 좋을지 한눈에 알 수 있기 때문이다.

북아현1동은 북쪽 금화산 정상을 기준으로 현저동, 봉원동과 경계를 이룬다. 그 모습이 마치 시골 마을 같다. 북쪽으로 성산로가 금화터널을 지나고, 남쪽으로 신촌로와 지하철 2호선이 지나며, 경의선 철도가 동서로 관통한다. 차량 진입이 가능한 막다른 길에 다다르면 너른 마당과 정자나무 몇 그루가 있다. 서울 한복판에 이런 시골 마을의 형태를 갖춘 동네가 아직 남아 있다는 것이 얼마나 감사한지 모르겠다. 도로와 기찻길 등으로 나뉜 위치적 고립이 가져온 결과일까. 다른 곳에 비해 개발이 덜 된 편이다. 형편이 비슷한 이웃과 오랫동안 살았으니 보기에도 낯설지 않고 정겨울 것이다. 비록 작은 집들이 게딱지처럼 엎드려 있어도 이곳을 터전으로 삼은 수많은 사람들의 행복이 배어 있다.

장년의 동네 어른들이 마당에서 환담을 나누고 있는 흔치 않은 모습이다. 시골에서나 볼 수 있을 장면인데 도심에서 이런 모습을 마주할 수 있다니 서울의 동네가 아직 살아 있기는 한 것이다. 나이가 더 많은 할아버지들은 비슷한 연배의 또래를 찾아서 그들이 모이는 곳에 가시거나 어디든 바깥출입을 해야 한다. 소수의 노인들을 제외하고 집에 있으려 해도 그마저 뜻대로 할 수 없다. 자식들 키우며 지난한 삶을 살아오느라 미처 노후를 준비할 수 없었던 우리 노인들의 모습이다. 사진 속 어른들을 통해서 가족 관계의 건강함을 볼 수 있다 하면 무리일까. 대도시 서울의

동네에서 볼 수 있는 마지막 풍경일 것 같다.

　이런 고마운 사진을 찍는 방법은 하나다. 주민이 경계심을 풀 수 있게 진심으로 접근하는 것이다. 성급히 사진을 찍으려 하지 말고 자신을 솔직히 보여주며 마음으로 다가가야 한다. 마음으로 다가가는 사진사만이 마음으로 다가오는 사람을 얻을 수 있다.

한 시대 주거의 기록

큰 마당 중앙의 덩굴장미 아래로 담장이 지나간다. 담장을 두고서 대칭으로 놓인 다세대주택이다. 중앙 계단으로 서로 연결되어 아침저녁으로 이웃끼리 눈인사하던 시절이 있었다. 집을 지을 때 이웃과의 관계와 동네의 질서를 고려하는 것은 중요하다. 지켜야 할 건축 규정 안에서 해법을 찾는 것이며, 그 안에서 최적화된 집을 짓는 것이다.

현대인은 불필요한 것은 가리고 외부와는 일정한 거리를 두려고 한다. 지금은 문을 열면 마주볼 수밖에 없는 공간에서 살 수 있는 시대가 아니다. 이웃과의 소통을 중요하게 생각하는 건축가라 할지라도 현대인들에게 권유하기 어려운 주거 유형이다. 그렇지만 한편으로는 70~80년대의 삶을 유추할 수 있는 한 시대의 주거 유형이며, 당시 사람들이 살아가던 모습을 간직한 채 많은 이야기를 들려주는 실증 자료로서 가치가 있다. 이런 건물을 그대로 보존할 수는 없겠지만 한 시대의 주거를 연구하는 사진 자료로 남겨야 할 필요는 충분하다.

아래 사진은 2년이 지난 후 같은 장소를 찍은 것이다. 얼마 후면 건물이 철거되고, 흔히 그렇듯 이곳도 대단위 주거 단지로 변해 이전의 모습은 자취 없이 사라질 것이다. 집은 바뀌어도 길은 쉽게 변하지 않는다는데 요즘은 그렇지도 않다. 재개발을 거쳐 원래 있었던 길과 지형이 바뀌면 그곳은 장소성을 잃어버린 전혀 다른 곳이 된다. 거기서 형성된 경험과 기억은 원형을 잃어버리고 만다.

이 마을의 본래 이름은 '벌터'였다. 1977년 안양천의 범람으로 수해를 입어 수재민촌으로 불리자, 이듬해에 그곳에 있던 덕천슈퍼 건물의 이름을 따서 마을 입구에 덕천마을이라는 표석을 설치했다 한다.

안양시 만안구에 위치한 덕천마을은 한 시대의 주거 유형을 간직한 특별한 곳이며 공동주택 몇 곳은 건축가 없는 건축의 사례를 실증적으로 제공한다. 작은 면적의 다세대주택들이 밀집한 형태다. 공동체를 위한 배려는 부족하지만 공간을 이용한 지혜는 놀랄 만하다. 이런 원초적인 형태의 주거지에는 삶의 자연스런 욕구가 깔려 있다. 인위적인 환경에서는 찾아볼 수 없는 소박한 자연스러움 같은 것이다.

시청이나 구청 또는 이곳의 집을 소유한 사람들은 재개발에 대한 기대와 주거 환경의 개선을 고대한다. 주변은 점점 더 낙후하고 어느 때부터 거론되기 시작한 재개발에 관한 기대 심리 때문에 건물의 유지와 보수에 소홀하게 된다. 도시 주거의 형성과 변화의 추이를 탐구하는 일은 사회와 깊은 연관을 보인다. 현상의 관찰로 끝나는 것이 아니라 이것이 삶에 대한 이해로 발전한다면 우리의 삶을 소중히 여길 수 있게 된다. 기록과 탐구를 통해서 삶의 문제를 깊게 이해하고, 그 해결 방안에 접근하는 것이 중요하다.

대부분의 사람들이 떠난 덕천마을은 일부의 사람들만 남아 있다. 들은 얘기로는 얼마 안 되는 이주비를 그것도 세입자가 이주 후 한 달이 지나서야 받을 수 있다고 한다. 재개발 후 주민이 재정착을 하려면 추가 분담금을 부담해야 하고, 또 세입자는 약간의 이주비를 받고 다른 곳으로 거처를 옮겨야 한다. 거주권도 인권이라면 다시 생각해보지 않을 수 없는 일이다. 원주민들이 자신의 삶터에서 다시 정착할 수 있는 방안을 확보해야 한다. 그렇지 않으면 그들은 이곳을 떠나 어디로 가야 한다는 것인가.

우릴 생각에 빠지게 하는 곳

서울은 인구 천만을 수용하기에는 빠듯한 도시이다. 휴식 공간조차 인공의 건조 환경으로 꾸며져 자연과 더불어 사색할 수 있는 공간이 부족하다. 도심의 곳곳에 크고 작은 공원이 있지만 몸과 정신이 함께 휴식을 취할 수 있는 특별한 공원이 필요하다. 몸과 정신을 쉬게 하기 위해서는 공감과 사색을 불러일으키는 장소가 있어야 한다. 새로운 것이 넘치는 환경에서 시간의 흔적을 머금은 장소는 우리의 마음을 안정시킨다. 시간을 견디는 사물은 없으며 또 시간을 거스를 수 있는 사람도 없다. 그런 점에서 재생의 공원은 시간 여행이 시작되는 나루터로 우리를 안내할 것이다.

사진은 공원 조성 공사 중인 시간의 정원과 개장된 후 원형극장의 모

습이다.

서울 시민에게 수돗물을 공급하던 선유도 정수장이 20여 년 동안 그 역할을 다하고 시민의 품으로 되돌아왔다. 누군가의 따뜻한 시선으로 그 상처는 어루만져졌고, 이제 선유도는 과거의 흔적과 기억을 품고 공원이 되어 우리에게 돌아왔다. 식물이 자라는 공간, 누군가의 배려에 감사함을 잊지 않게 하는 공간으로 다시 태어난 것이다.

도시인의 바쁜 일상은 잠깐의 휴식만을 허락한다. 이를 통해 새 힘을 얻기도 하지만 중요한 것은 몸이 아니다. 정신의 위안이 무엇보다 필요하다. 이제 물리적인 시간과 장소는 큰 문제가 아닌 시대이다. 그러나 중요한 것은 이런 시대에도 신체적 소통은 영원히 사라질 수 없다는 점이다. 이제 사람을 만나는 장소가 특정한 곳으로 정리되기 시작했다. 거기에는 그들이 향유할 만한 온갖 것들이 모여든다. 이런 장소는 어느 곳이 먼저랄 것도 없이 장소 마케팅이 치열하다. 그러나 낡음을 유지한 채 새 생명을 부여한 공간은, 그 자연스러움이 편안함으로 다가온다. 소란스러운 일상에서 벗어나 잠시 머물 수 있는 공간이 절실하다. 휴식을 담보한 과시적 공간보다 우릴 생각에 빠지게 하는 성찰적 공간이 필요하다.

선유도는 한강 가운데 떠 있는 몇 개의 섬 가운데 하나로, 합정동과 당산동을 잇는 양화대교를 걸치고 있다. 원래 예전에는 섬이 아닌 선유봉仙遊峯이었다. 1925년 대홍수로 한강 개수계획 아래 여의도 비행장으로 가는 길과 또 다른 도로 건설을 위한 채석장으로 사용되며 선유봉의 암석들이 희생되었다. 선유봉은 본래 양화나루와 강 건너의 망원정, 마포의 잠두봉을 잇는 한강의 절경 중 하나였다. 그 옛날 중국 사신들 사이에 조선에 가서 양천현(지금의 양천구 일대)을 보지 못했다면 조선을 보았다

고 말하지 말라는 말이 있었을 만큼 한강 일대의 빼어난 풍광을 지닌 곳
이었다. 신선이 선유도에서 노닐던 모습은 그 어디에도 남아 있지 않지
만, 겸재 정선이 남긴 그림『경교명승첩』을 통해 오롯한 선유봉의 모습을
엿볼 수 있다. 이제 선유도는 봉우리를 뽐내며 절경을 자랑하지도, 물을
정수하지도 않는다. 공원이 되어 시민들의 지친 몸과 마음에 휴식을 제
공할 뿐이다.

이러한 역사를 거친 선유도가 공원화 과정에 있는 지금, 사진이 할
수 있는 것은 사실의 기록뿐이다.

겸재 정선, 〈선유봉〉(1741년 무렵)
선유봉에서 노니는 신선의 모습이
보이는 듯하다.

건축사진과 사람

잠실에 있었던 차수벽이다. 차수벽이란 물의 침투를 막기 위해 설치된 벽으로, 홍수로 한강 수위가 높아질 경우 넘치는 물을 차단하기 위해 설치한 시설이다. 올림픽대로가 사이에 있어 한강공원과 나뉜 잠실동의 주민들은 기존의 낡은 차수벽을 끼고 돌아, 올림픽대로를 가로지르는 보행 터널을 이용해 한강공원에 접근할 수 있었다. 지대가 더욱 낮은 곳은 도시로 유입되는 물을 완벽히 차단하기 위해 열고 닫을 수 있는 갑문이 설치되어 있었다. 이런 예전 시설들은 기능에만 충실했을 뿐 미적인 면은 고려되지 않았다. 그런데 근래 이런 곳이 건축가의 손길을 거쳐 기능과 아름다움을 동시에 만족하는 모습으로 다시 돌아왔다.

　한남대교부터 여의도 샛강 입구 사이에서 강변 남단에 위치한 반포
지구 한강시민공원에 접근하려면 서울시가 새롭게 조성한 반포나들목을
통과해야 한다. 올림픽대로를 지나는 차량과 산책로를 지나다니는 사람
들, 터널 속에는 차수벽을 대신하는 벽체가 희미하게 보인다.

　이처럼 주민들이 시설을 이용하는 모습을 담기 위해서는 이용 빈도수
가 높은 시간대를 찾아야 한다. 일과를 마친 주민들이 산책 나오는 시간
이지만 다니는 사람들이 적다. 촬영 시간이 더 늦으면 날이 어두워져 셔
터 속도가 느려질 것이고 따라서 움직이는 사람들이 흔들려 찍힐 수밖
에 없다. 삼각대에 카메라를 고정시키고 사람의 많고 적음, 복장, 성별,
행동, 모습, 분위기, 속도 등을 고려해 몇 장의 사진을 찍었다. 기본적인

사진 위에 다른 사람들을 합성하여 최종 사진을 완성했다. 그다음에는 각각 선정된 사람이 있는 사진을 포토샵에 불러들인다. 하나씩 메인 사진을 그 위에 겹쳐놓고, 아래에 찍힌 사람을 드러내면 된다. 이렇게 각각의 필요한 사진을 합성하면 적절한 곳에 또 적절한 포즈대로 사람을 위치시킬 수 있다.

건축사진에서 사람을 함께 찍는 것은 매우 중요하다. 건축의 스케일을 알 수 있기 때문이다. 그러나 실제 상황에서 엑스트라를 동원하여 촬영할 수는 없는 노릇이다. 현장에서 순발력만으로 간단히 해결할 수 있는 방법을 찾아야 한다. 가끔 건축사진에 사람이 왜 없느냐는 질문을 받는다. 대형 카메라에 원판필름으로 사진을 찍던 시기에는 조리개를 한껏

조이다 보니 자연스레 셔터 타임이 길어졌다. 사람의 모습을 제대로 담기 어려울 수밖에 없다. 디지털 시대가 되었다고 해서 사정이 달라진 것은 아니다. 대부분의 경우 모델로 협조해줄 사람이 별로 없기 때문이다. 디지털의 편리함을 전제하더라도 건축사진에서 알맞은 위치에 사람들이 함께 찍힌다는 것은 쉬운 일이 아니다.

건축을 오브제로만 볼 것인가

시대의 산물, 건축은 그 시대의 사회와 정신을 반영한다. 단순한 기능 이상의 의미를 지니는 것이다. 사용자의 필요와 건축가의 제안이 건물에 담긴다. 시대가 흐름에 따라 낡은 건물은 원래의 쓰임이 다하면 헐리기도 하고 보존되기도 한다. 어느 건물이 보존되어야 할 이유가 있다면 이는 건축의 역사적, 미학적 가치 때문일 것이며, 간접적으로 그 건축의 예술성을 표상하는 것이다. 이런 건축을 사진으로 기록하고 표현할 때 다소 수직과 수평이 잘 안 맞았다 해도 그 가치가 사라지는 것은 아니다.

　사진을 찍기 전 먼저 건축을 느껴보는 것이 좋다. 도심의 건축이라면 이웃한 건물과의 도시적 맥락을, 전원에 위치한 집이라면 주변의 산세나 대지의 위치, 방향, 진입 등을 살펴야 할 것이다. 그 밖에 어느 곳이든 건물에 들어서며 나올 때까지 내부의 흐름을 따라 돌아보며 건축적 성취를 사진에 담으면 좋을 것이다.

　세운상가는 60년대 종로에서부터 퇴계로까지를 가로질러 공중보도로 연결했던 한국 최초의 주상복합건물이다. 건물의 지상 1층에는 상가들이 자리를 잡고 그에 면한 양쪽에 자동차로와 주차 공간이 있다. 2층에는 상가에 면한 보행자 전용 통로를 설치했고 3층부터는 주거 공간이었다. 종묘에서 필동 사이 1km에 이르는 선형 공간을 보행 통로로 연결해 상가와 주거가 입체화되도록 계획했던 것이다. 최근 세운상가를 철거하고 그 부지를 공원화하겠다는 서울시의 당초 계획이 답보 상태에 빠져 있지만, 언제 이곳에 대규모 녹지축이 들어설지 모르는 일이다.

사진의 앵글은 사선 방향의 공중 보도와 왼쪽 상단 숲 속의 종묘가 보이도록 잡았다. 앞뒤의 연속된 풍경이 한 장의 사진에 압축되도록 70mm 렌즈를 사용했다. 이 정도의 초점거리는 대상을 어느 정도 압축해 찍기에 가장 적절하다. 도시의 밀집된 주거지 풍경은 원근감을 생략

해 찍으면 공간감이 약화된 평면 그림처럼 보인다. 그렇지만 이런 사진이 오히려 파워풀한 느낌이 들기도 하는데, 사진의 사이즈가 클 경우 효과는 배가된다. 사람이 뜸한 일요일 오후, 촬영 지점을 찾는 것이 관건이었으나 몇 번의 오르내림 후 다행히 마음에 드는 곳이 있어 자리를 잡았다. 때맞춰 모델 한 사람이 나타났으니 오늘은 운이 좋았다.

유목인의 삶을 살 수밖에 없다 하더라도

잠실 시영아파트의 전경이다. 모두 그리 높지 않은 모습이지만 최근의

아파트는 점점 고층화되고 있다. 과열된 상품화 과정에서 높은 사업성을 얻기 위한 것으로 보인다. 대개 건축 연령이 30년 정도 되면 재건축을 하는 국내 경향에 비추어볼 때 기존의 노후한 아파트를 재건축한 단지들은 모두 고층이다. 그러나 이런 고층 아파트조차 앞으로 길게 잡아 40~50년 후면 또 재건축을 해야 할 것이다. 그때 사업성을 얻으려면 용적률을 더 늘리고, 더 높이 지어야 할 것이다. 언제까지 하늘 높은 줄 모르고 높게, 더 높게만 쌓아올릴 것인가.

살던 사람이 떠난 후 어수선하게 정리된 방과 거실의 모습이다. 고물 수집이 끝났는지 장판이 걷혀 있다. 그러나 방의 바닥은 아직도 뜯기지 않은 채 그대로다. 손때 묻은 벽지와 남겨진 물건을 통해서 살던 사람의 체취를 느낄 수 있다. 누군가 여기서 아이를 낳아 기르고 출가도 시켰을 것이다. 인생의 희로애락이 우리의 삶터를 중심으로 펼쳐진다. 이처럼 사연이 깃든 삶의 보금자리가 온전히 남아나지 못하는 이유는 우리의 삶이 너무 가벼이 취급되기 때문이다.

현재 우리 사회를 잡아끌고 나아가는 줄은 경쟁뿐이다. 그 힘이 줄에 실려 있어 곧 끊어지고 말 썩은 줄에 다름 아니라면 지나친 비유일까? 우리는 경쟁에서 뒤처지지 않기 위해 스스로를 경쟁으로 내모는 악순환을 거듭하고 있는 것이다. 공들여 천천히 가기보다는 목이 말라도 쉬지 못하고 앞만 보며 달릴 수밖에 없다. 여기서 벗어나기 위해서는 우리 모두가 공유하는 사회적 가치가 견실하며 건강해야 한다.

도시의 낡은 주거지를 대규모로 개선하려고 할 때 가장 중요하게 고려해야 할 것은 공공의 이익이다. 재개발을 하더라도 그것이 원주민의 형편을 겨우 벗어나는 수준으로 이루어져서는 안 된다. 누구나 쾌적한

환경에서 삶을 영위할 수 있어야 하는 것이다. 과거를 돌아보면 우리 스스로 삶터를 소홀히 여기는 동안 우리 기억이 머물 처소도 함께 사라지지 않았던가. 제아무리 도시민이 거처를 자주 옮기는 유목인의 삶을 살 수밖에 없다 하더라도, 삶의 흔적마저 송두리째 간단히 없어지고 만다면 우리 삶의 기억들은 대체 어디에 머무를 수 있을까.

　인간이 몸과 마음에 절대적 위안을 얻을 수 있는 장소는 여전히 집밖에 없을 것이다. 에세이 「바람의 사전」의 작가 이베타 게라심추쿠(Ivetta

Gerasimchuk, 1979~)는 아네모필(변화를 추구하는)과 흐로니스트(시간을 중요하게 여기는)의 끊임없는 대립이 인간 삶의 지속이라 보았다. 그러나 지금까지 우리의 삶터 주변에서 일어나는 여러 가지 징후는 우리에게 이 둘의 균형조차 유지하지 못하게 한다.

이름 모를 시민에게

성저십리城低+里란 조선시대 한양성 4대문을 기점으로 약 십 리까지의 외곽 지역을 일컫는다. '한양'이라 하면 4대문 안을 말하는 것이고, '한성부'라 하면 대개 이 지역까지를 모두 포함한 말이었다. 불과 수십여 년 전까지 볼 수 있었던 서울 강북 지역과 유사한 모습이었다. 그러나 근대 사회로의 이행에 따른 발전은 가속도가 붙듯이 점점 빠르게 진행됐다. 그 결과 600여 년 전 한양 도읍 이후보다 근세기 100년 동안의 빠른 변화가 남긴 모습이 지금 우리가 보는 서울에 가깝다. 앞으로 도시의 모습이 어떻게 변할지 짐작하기 어렵다.

도시에 사는 시민의 삶과 그 삶의 양태를 애정을 가지고 바라보는 것은 매우 중요하다. 그것이 도시의 바탕이며 사회를 형성하는 근저가 되기 때문이다. 근세를 거친 한국에 남겨진 도시 주거 환경은 열악하지만 그 안에 삶의 궤적, 삶의 애증이 있다. 도시의 사회, 경제적 연계망이나 조직을 재개발이라는 방식을 통해 대규모로 바꾸려 할 때 발생하는 수많은 일들은 손쉽게 해결할 수 없다. 이를 단기간에 해결하려면 그만큼의 희생을 감수해야만 한다.

여기 쌀쌀한 날씨에 모여 앉아 자신의 삶터를 지키고 있는 사람들이

있다. 집을 비워야 할 정해진 날짜가 지났어도 그럴 수가 없다. 형편이 허락지 않아 이사가 더디며, 여러 가지 방편을 알아보는 중이다. 그동안 정들어 살았던 이웃들과 뿔뿔이 헤어지고, 이제 같은 처지의 사람들만 모였다. 서로의 눈빛만으로 위안을 삼는다. 이 사진은 발표를 전제로 찍은 것은 아니지만 암묵적인 허락을 얻었다. 그리고 이들은 몇 가닥 가슴에 맺힌 이야기를 풀어놓았다. 그리고 소주 한두 잔과 함께 수제비를 나누어 먹었다. 그렇게 조금 친숙해진 뒤에 만남을 기념하며 사진을 찍기로 했고, 그 사진을 나눠 가지기로 했다. 이름 모를 신당5동 주민들에게 드리는 사진이다.

도시 건축의 유산

요즘엔 흔히 볼 수 없는 복층식 영단주택이다. 1941년 설립된 조선주택 영단이 서울에 지은 몇 남지 않은 집합 주거 단지 중 하나인데, 대부분은 재개발되어 남아 있지 않다. 이곳만이 성안에 남아 있는 유일한 산동네 다. 지형을 이용해 옹벽을 쌓고 단지를 앉혀 지었다. 지금은 이렇게 보여 도 그 당시에는 서울 사대문 안의 서민 주거지였다.이곳이 지금까지 보 존된 데는 이화동 영단주택에 얽힌 사연과 충신동의 지형적 조건의 영향 이 크다.

이화동 영단주택의 조성은 이화장梨花莊을 떼놓고 설명할 수 없다. 이화 장은 해방 후 1945년 귀국한 이승만 전 대통령을 위해 기업가 33명이 구 입해준 곳으로, 이에 따라 그 근처를 정비하게 되었다. 이때 무허가 건물 철거에 이어 주택 단지가 등장하는데, 그곳이 바로 이화동 영단주택인 것 이다. 그리고 충신동은 다른 곳에서는 보기 어려운 특이한 지형을 보이는 데, 충신시장에서 율곡로를 가로질러 낙산 능선의 서울 성곽에 이르는 곳 을 말한다. 이 방향으로 2/3 지점부터 서울 성곽 아래까지는 가파른 경사 가 이어지며 다세대주택이 밀집되어 있다. 한눈에 보기에도 원래의 지형 에 얹혀진 집들이다. 시간이 지나며 증축을 했거나 덧붙여 지은 것이다.

이곳만의 특성이라 할 수 있는 점이 하나 더 있다. 그것은 골목의 형 태가 가장 입체적으로 발달했다는 점이다. 한남동이 남쪽의 한강을 끼고 테라스의 형태를 자주 보인다면, 이곳은 밀집된 3~4층의 집들 사이로 깊게 파이고 잘 발달된 골목의 형태를 보인다. 문화재인 서울 성곽이 가 까워 개발에 제약을 받은 것인지, 사업성이 떨어지기 때문인지 모르지만 아직까지도 건재한 모습이다.

반세기의 시간이 흘러 이제 낡고 허름해졌지만 이곳이야말로 서울의 참모습 가운데 하나라고 생각한다. 서민들의 삶을 보여줄 수 있는 살아 있는 동네로 가꾸어 보존해야 할 것이다. 현실적인 어려움이 있겠으나 유지할 방편을 찾아 보존한다면 유무형적 가치가 클 것이다. 자신이 살던 삶터와 생활 방식을 지속하며 살아갈 수 있는 것이 사회의 가치를 유지하는 진정한 길이다.

이런 모습을 바라보며 자라나는 세대들은 전통과 변화의 공존에 안도할 것이며 맹목적으로 경쟁에 휘둘리는 삶을 살지 않을 것이다. 그런 자율적 토양 속에서 창의적 활동이 가능하게 된다. 창의적인 도시는 항상 다양함이 공존하며 수많은 도시민의 삶을 유연하게 수용할 수 있게 된다. 이런 도시가 진정 살아 있는 도시이며, 모든 사람들로부터 사랑받는 도시다. 산동네의 전체 사진은 지상에서보다 가능하면 위에서 바라보는 것이 효과적이다. 삶의 유대를 진하게 드러내는 살가운 집들을 담을 때는 오밀조밀 편안하게 보이는 사진이 제격이기 때문이다. 자칫 강한 원근감이 생기지 않게 주의해야 한다.

언론 보도에 의하면 한국을 찾는 해외 관광객의 수가 점점 늘고 있다고 한다. 이런 사정을 역으로 생각하면 어떨까. 우리가 사는 곳도 가꾸고 유지하기에 따라서 외국인을 불러들이는 자산이 될 수 있다. 우리가 외국의 색다른 모습을 보기 원하는 만큼 외국 사람들도 우리의 사는 모습에서 색다른 경험과 신선함을 느낄 수 있는 것이다. 외국을 부러워하며 그들을 닮기 위해 우리의 것을 버리는 것은 어리석은 일이다. 물리적인 자산은 없애고 나면 결코 되돌릴 수 없다. 지혜를 모으고 시간을 벌며, 도시가 지닌 건축적 유산을 잘 가꾸어야 한다.

도시적 사건, 그 해체의 과정

토요일에 시간이 날 때면 청계천 주변을 거닐곤 했다. 주말이면 평소보다 많은 사람들이 찾았고 각종 볼거리도 넘쳤다. 도시 서민의 애환을 품고 있는 장소로는 빠지지 않는 곳이었다. 특히 각종 중고품이 거래되는 황학동과 중앙시장 주변은 인정이 넘쳤으며 그래서 사람 사는 맛이 가득했다. 목판에 물건을 올려놓고 진열하던 모습을 볼 수 있었으니, 전후 60~70년대 유전자를 고스란히 지닌 곳이었다. 옆 동의 아파트 옥상에서 내려다본 모습은 우리의 삶을 현미경으로 들여다보는 듯하다. 그것이

감시의 시선이라기보다는 애정이 담긴 시선으로 읽히길 바란다. 바로 얼마 전까지 볼 수 있었던 서울의 진풍경이었지만 지금은 그때 그곳의 사람들이 모두 어디로 갔는지 알 수 없다. 그때의 시간과 장소, 사람들을 떠올리게 하는 사진이다.

시간의 흔적을 간직한 도시는 살아 있는 도시다. 도시는 사회 공동체가 공유하는 장소이므로 공동의 사회적 활동을 통해 자신들의 존재를 표현할 수 있어야 한다. 지금까지의 삶의 흔적이 보존되어 과거와 현재 그리고 미래가 동시에 표현되는 역사와 문화의 장소가 되어야 한다.

옛 물길을 재현하기 위해 고가도로가 철거되었다. 사진은 해체 공사가 시작되던 2003년 7월 1일의 모습이다. 그 도시적 사건과는 무관한 듯 사람들은 자신의 일상에 전념하고 있다. 이제는 사라진 청계8가의 중고시장 모습이다. 언제나 그랬듯이 번영과 쇠락은 동전의 양면과 같아 한쪽만을 말할 수 없다. 치적을 위해 전 시장의 임기 중에 완성시킨 청계천 복원 사업은 겉으로는 미끈해 보인다. 기존의 도로 한복판을 흐르는 개천은 양옆으로 길게 난 도심의 산책로이다. 여기에 그 위쪽 길을 따라 상점들이 늘어서 있어서 색다른 도심 환경이 제공된다. 따뜻한 계절, 날이 화창한 주말에는 수많은 사람들이 이곳으로 와 도심의 색다른 환경을 만끽하며 주인공이 된다. 개천을 따라 흐르는 물도 깨끗하며 그 수량도 적지 않으므로 대도시 서울의 특별함으로 다가오기에 손색이 없어 보인다.

그러나 과연 속도 미끈한 것일까. 이곳은 생태가 유지되는 하천이 아니라 콘크리트 수로에 불과하다. 자연적 유입수 없이 마치 파이프에 물이 흘러가는 것과 같은 것이다. 언젠가 근처를 지나다가 갑작스런 소나

기를 만난 적이 있다. 그때 수표교가 있던 다리를 건너며 아래를 내려다본 순간 놀라움을 금치 못했다. 하수와 다름없는 시커먼 물이 악취를 풍기며 흐르고 있었다. 홍수 때 유입수를 흘려보내는 자연스러운 하천의 모습이라고 볼 수도 있겠다. 그러나 의문은 쉽게 거두어지지 않는다.

서울의 밤은 건물의 불빛과 여기저기서 벌이는 이벤트로 어두워질 줄 모른다. 개인적인 판단으로, 루미나리에는 밤의 절경이 아니었다. 특히 그것이 유독 청계천과 시청 앞 광장에 많이 설치되어 있던 것을 어떻게 해석해야 할 것인가. 정치적 수단이 부른 성급함을 가리기 위한 것이라 해도 그르지 않을 것이다.

건축의 얼굴

건물을 둘러싸고 있는 공기, 즉 대기감은 건축이 자신을 드러내도록 유도한다. 모든 건축은 저마다 어울리는 시간과 기후, 계절 등이 있다. 느슨히 마음을 열고 주위를 둘러보자. 어느 순간, 건축이 생물처럼 가슴으로 들어올 것이다.

건축은 단일한 건물부터 군집 건물까지 규모와 형태가 무척 다양하다. 한 건물 또는 건축을 사진으로 기록하기 위해서는 최소한 하루 또는 그 이상의 시간이 든다. 건축은 그 생김새와 재료에 따라 저마다의 표정을 지니고 있다. 원하는 사진을 찍기 위해 어느 때가 좋을지, 어떤 빛의 세기가 적당할지 상상해보라. 때로는 아주 미약한 빛 아래에서도 좋은 사진을 얻을 수 있다.

아름답고 장대한 구조의 원효대교는 언제 찍어도 그 나름의 멋이 있다. 그러나 어느 사진이든 주변이 주제를 압도한다면 핵심을 벗어난 이야기가 되고 만다. 원효대교의 아름다운 구조를 효과적으로 드러내기 위해서는 역광으로 배경을 밝게 처리하는 것이 좋다. 다리의 주변이 아름답게 나온 사진은 사람들의 관심은 끌 수 있지만 교량 그 자체를 지시하는 기능에는 부족함이 있다.

원효대교는 원효로에서 여의도 또는 그 반대로 사람들이 건너다닐 수 있도록 설계됐다. 그 경관도 뛰어나 소음만 견딜 수 있다면 산책로로도 손색이 없다. 조용히 흐르는 수면을 내려다보거나 멀리 보이는 북쪽의

산세를 관망할 수도 있다. 강을 사이에 두고 서울에서 서울을 볼 수 있는
조망이다. 또 이곳에서는 서울이 품은 섬 중의 섬, 여의도가 한눈에 들어
온다. 날씨가 쾌청했던 어느 날, 떨어지는 해가 하늘을 투명하게 물들였
다. 이 순간을 놓칠 수 없다. 감도는 올리고 카메라를 손에 들었다.

대구읍성의 해체

북성로는 대구읍성 성곽 중 가장 먼저 해체되고 난 길이다. 대구읍성의 공북문과 북쪽 성곽이 지나던 구간으로, 현재는 그 일대에 기계공구상가가 밀집해 있다. 일본은 대구의 조선인 중심 지역을 점거하며 도시 공간을 확대해나갔다. 부산, 인천의 경우 도심 외곽의 바닷가에 조계지를 형성했는데, 그와는 다른 모습이다. 러일전쟁을 위해 일본이 부설하던 경부선의 이권이 개입된 것이다. 그들은 대구정차장(대구역)이 일본인 거주지 쪽으로 나도록 대구군수 박중양(朴重陽, 1874~1959)에게 영향을 끼쳤다. 그러다 경부선이 개통되자 부지 개발을 위해 대구읍성의 성곽 해체를 요구했다. 성곽을 해체한 일본인들은 성내의 도심부와 상권을 점거하여 막대한 돈을 벌었다. 대구역이 처음 생긴 것은 1913년으로, 초기 건축양식은 르네상스식이었다. 그 후 1978년에 신축을 거쳐 2003년에는 민

자역사로 새롭게 지어졌다. 도심의 상징적 장소성을 백화점에 내주고 역사의 기억을 모두 지워버렸다.

　읍성을 중심으로 확장되어 오늘에 이른 대구는 서울에 버금가게 번화하고 화려한 모습이다. 또한 그 화려함의 한편에 근세기 문화유산을 적지 않게 간직하고 있다. 계산동 일대의 문화재와 역사적 인물, 한국전쟁과 문인들의 피난 시절에 얽힌 향촌동의 이야기 등이 그것이다. 시간의 경과를 간직한 물건은 그 이상의 의미를 지닌다. 이는 물적 자산이며, 이를 유지하는 것이 도시를 살아 있게 한다. 낡은 것을 잘 고쳐 시간성을 유지하는 도시가 진정 살아 있는 도시다.

다다익선

광장은 사람들이 모여드는 곳으로, 문화적 흡인력이 강한 장소다. 대개 우리의 장터 같은 곳이며, 서구에서는 교회를 중심으로 많은 사람들이 모여들던 곳을 말한다. 광장의 기본 요건은 어느 누구도 모인 이들을 간섭하거나 모임을 제지해서는 안 된다는 것이다. 장터같이 원초적 행위가 벌어지는 장소는 삭막한 도시에 표정과 깊이를 더하고 따스한 온기를 느끼게 한다.

홍대 앞 놀이터는 서울 도심의 대표적인 광장이다. 토요일마다 작은 놀이터에 사람들이 모여든다. 각자 만들어 온 작은 물건들을 판매하는 프리마켓이 열리기 때문이다. 수공예 노동이 서로 교환되는 현대도시의 상

징적 장소이다. 이런 인간의 활동과 흔적이 깃들어 있을수록 도시는 살아 있는 것이며 숨 쉴 수 있는 공간과 장소를 품게 된다. 의도적인 목적에 기반한 상업적 공간은 프리마켓과 같은 유기적 공간의 장소성을 따라갈 수 없다. 인간의 이상과 자유가 실현되는 장소는 틀에 박힌 형식의 반복이나 모방에서 벗어나야 한다. 이러한 공간은 시민을 향해 열려 있으며 무엇인가를 규정하지 않는다. 이러한 자유로운 참여는 사람들에게 활력을 주고, 이 도시를 사랑하도록 만든다. 많으면 많을수록 좋다.

그 삶의 질긴 유대

북아현동 여름의 끝자락 풍경이다. 사진에서 아침저녁으로 부는 제법 선

선해진 공기가 느껴진다. 그러나 한낮에는 아직도 미련이 남은 더위가 동네를 서성이며 돌아다닌다. 여름의 볕이 조금 물러난 자리에 이웃이 함께 모여 생산적인 활동을 한다. 삶의 건강함이 묻어나는 사진이다. 골목의 평상은 정다운 이웃이 이야기꽃을 피우는 장소이며, 지나가는 사람들의 쉼터이다.

이 골목은 단순한 길이 아니다. 삶의 흔적이 담긴 장소다. 만일 이 사진이 도심의 번듯한 장소를 배경으로 했다면 현대도시민의 왜소함과 소외감만 더욱 부각되었을 것이다. 다시 사진을 보자. 뒤편 산자락 높은 곳에 어깨를 마주한 집들이 보인다. 도시 서민의 삶, 그 삶의 질긴 유대도 함께 보일 것이다.

개인의 고결성

여름이 끝나가던 어느 날, 한남동의 풍경이다. 동네 어머님들이 소박한 안주와 소주 한 병을 들고 나오셨다. 이곳은 두 집 사이가 넓고 어딘지 안온한 맛이 있어 사람들이 놀기에 좋은 장소처럼 보인다. 이곳에 올 때 종종 한두 명의 아주머님들이 앉아 있곤 했는데, 오늘은 날이 좋아선지 모두 나오셨다. 적당한 그늘과 선선한 바람, 반사된 빛 덕분에 우중충하지 않다. 여기에 모인 이들이 서로 비슷한 형편이라는 점은 골목마당을 더욱 훗훗하게 한다.

서울은 도심에 네 개의 큰 산과 많은 구릉을 품고 있다. 때문에 해외의 대도시에서 쉽게 볼 수 없는 풍경이 펼쳐져 있다. 잘 발달된 도시 주거지의 골목길이 그것이다. 여러 가닥으로 난 골목길이 입체적으로 발달했다. 대규모 주택 건설로 우리 곁을 떠난 동네가 숱하지만 그래도 아직 남은 산동네가 몇 곳 있다. 산지 지형을 품고 있는 대도시 서울의 남은 풍경이다.

산토리니 섬의 하얀 집들은 아름답다. 그러나 서울의 산동네가 더 아름답다. 우리의 정서가 깃들어 있는 이곳이야말로 우리 삶의 실존에 더욱 가깝기 때문이다. 도시 곳곳의 낙후된 주거지를 누추하다고만 바라볼 것이 아니다. 시각의 전환이 절실하다. 정책적으로 방향을 잘 잡아 주민들이 계속해서 살고 싶은 생각을 갖도록 도와주면, 스스로 낡은 것은 고치고 필요

한 것은 새로 지어 유기적인 동네로 남을 것이다.

한국의 아파트 수명은 길어야 20~30년이다. 빈번한 재개발을 통해서 고층 아파트로 변해갈 주거 환경도 우려스럽지만 언제까지 우리는 삶의 거소를 일시에 부수고 새로 지어야만 하는 것인가. 그곳에는 파뿌리같이 질긴 삶의 유대가 스며 있다. 쉽게 부수고 지을 수 있는 성질의 것이 아니다.

국가가 도시 개발이나 사회의 시스템에 지나치게 개입하거나 주도하면 자력에 의한 개인의 삶은 축소된다. 거대한 국가의 체계 또는 보이지 않는 어떤 힘에 이끌리는 삶을 초래하기도 한다. 많은 현대인들은 경쟁에 뒤처지지 않기 위한 강박중에 시달리며 산다. 지금 우리의 사회는 서로를 의심하고 경계해야 하며 경쟁에서 이겨야 살아남는 야생의 정글 같다.

미국의 사상가이자 수필가 헨리 데이비드 소로(Henry David Thoreau, 1817~1862)는 가장 적게 다스리는 정부를, 러시아 태생의 미국 작가이자 철학자 에인 랜드(Ayn Rand, 1905~1982)는 집산주의에 반하는 개인주의 중요성을 주장했다. 집단적 속성을 띠는 그 어떤 것에도 굴복해서는 안 된다는 것이다. 즉 개인의 고결성을 포기할 수 없다는 것이 그 내용이다.

뒷장의 의자들 사진에서 보이는 정경이 무능하고 어리숙한 삶처럼 보일 수도 있지만, 그렇다고 지금 우리 사회처럼 집단보다 개인의 삶이 무력한 것이 더 낫다고 할 수는 없다. 어느 의자에 마음을 줄까 잠시 고민하다가 동네 어머님들의 얼굴이 하나하나 떠올라 이내 그만두었다. 날이 따뜻할 때는 의자 대신 멍석이나 장판을 깔고 간식을 나누는 정겨운 이웃들이다.

다만 우리가 보지 않았고

전쟁을 겪은 후 서울은 복구 과정에서 여러 건축적인 시행착오를 겪었을 것이다. 여기에 민간 건축의 재정 형편이나 당시의 건축적 상황도 지금과는 달랐을 테니 그 어려움은 더욱 컸을 것이다. 그때의 건축 재료는 지금에 비하면 조악할 수밖에 없는 속이 텅 빈 시멘트 블록 따위이다. 사진에 보이는 이 집처럼 주변 여건에 맞추어서 기지를 발휘한 건물들이 당시의 보편적인 주거 형태였다.

얼핏 보면 아래쪽 문이 창고문 같기도 하지만, 사실은 건물 뒤편에 있는 세대로 들어가는 엄연한 출입문이다. 어느 교회의 표찰이 붙어 있고 조그맣게 번지수가 쓰여 있다. 건물 틈으로 난 골목으로 들어서면 안쪽에 있는 또 한 세대로 통하는 길에 이 집의 입구가 있다. 이 집에 들어가자 옥상으로 향하는 사다리가 두 개나 있었다. 대개 이런 종류의 철제 사다리는 건물을 지은 후 부차적으로 설치되는 것임을 생각해보면, 사람이 살며 필요에 따라서 지혜를 발휘한 것이다. 이처럼 삶이란 살아가면서 이리저리 덧대고 이어가는 것이다.

문화적으로 획일화되지 않고 다종다양한 삶의 욕구가 자유롭게 분출될 여지를 갖춘 도시가 유연한 도시다. 이런 도시에 삶의 정서가 깃들게 되는 것이다. 집단 주거지의 재개발은 그동안 시간이 획득한 삶의 장소성이 한순간에 사라지도록 몰아간다. 차라리 주거 문제를 자율에 맡기면 어떨까. 다만 제도적으로 받침이 마련된 자율이어야 한다. 우리 삶의 기소는 아주 많은 것을 내포하며 삶의 기지와 해법까지 보여준다. 그렇기에 한 번에 깨부수고 쌓을 성질의 것이 아니다. 이런 희망의 구체적인 모습은 어떤 것일까. 그것은 먼 데 있어서 우리가 경험해보지 않았거나 모르는 것이 아니

다. 이미 오랫동안 우리와 함께하며 또 우리의 눈앞에 있는데 다만 우리가 보지 않았고 또 보지 못했을 뿐이다. 이 사진처럼 말이다.

건축가 없는 건축

인심 좋은 아주머니처럼 후덕해 보이는 서계동의 2층집이다. 어림잡아 다섯 세대가 함께 거주하는 다세대주택이다. 이래 봬도 나름의 필요한 시설은 모두 갖추고 있다. 계단 밑 중앙에 다닥다닥 붙어 있는 문들은 프라이버시를 고려한 개별 화장실들이다. 그리고 옆 철제 계단은 개별 집주인의

진입을 가능하게 한다. 맨 오른쪽 옆구리를 통해 들어가면 방이 두 개 정도 있는 독립 세대가 있으니 이 집은 번듯한 3층 다가구집이라 할 수 있다.

어느 건축가가 이렇게 간결하게 디자인을 할 수 있을까. 한정된 대지 위에 절대적 요건을 충족하는 건축적인 해결을 실현했다. 역시 삶의 지혜보다 더 뛰어난 것은 없다. 건축가 없는 건축이다.

아래 기단부의 회색 페인트칠의 높이가 일정치 않다. 정확히 수평으로 맞추자니 경사진 도로에 맞지 않고 또 도로에 맞추자니 왼쪽과 오른쪽 끝의 높이를 정하기가 쉽지 않았을 것이다. 절충이다. 그저 눈대중으로, 칠하는 사람의 흥취대로 칠했다. 페인트의 배색도 좋다. 투박한 재료로 덕지덕지 덧붙인 집의 모양이 마치 조선의 분청자같이 검박하다. 올망졸망 여러 세대가 한 지붕 밑에서 저마다의 가정을 이룬다.

집의 안락함이 반드시 그 규모에 비례하지는 않을 것이다. 작은 공간에 몸을 누이더라도 마음만 편할 수 있다면 그게 행복이지 않을까.

꿈을 키우기에 알맞은 곳

가까운 곳에 한국예술종합학교가 있어서인지 석관동의 다세대주택에는 대부분 옥탑방이 있다. 학교 주변뿐 아니다. 밀집 주거지나 주거와 사무실, 상점 들이 혼재된 도시 곳곳에는 어김없이 옥탑방이 존재한다. 저렴한 비용으로 일터 주변에 삶의 공간을 마련하기에는 더없이 좋기 때문이다. 남의 시선이나 방해를 받지 않고 혼자만의 공간을 누릴 수 있다는 것도 또 다른 이점이다. 한때의 꿈과 낭만을 키우기에 적합한 곳이다.

옥탑방은 기존 건물에 덧붙여진 부차적인 공간으로, 자생적이며 자율적이다. 여기에 상대적으로 낮은 주거 비용은 경제적인 부담을 줄여준다. 그러나 옥탑방 생활은 그만큼 감내할 것들이 많다. 덥고 추운 환경도 그렇지만 이미 경제적인 여유가 없는 사람들이 선택하는 공간인 만큼 넉넉한 생활의 여유는 처음부터 찾아보기 어렵다.

60~70년대 산업화 시기에 청운의 꿈을 품은 젊은이들이 시골에서 도시로 몰려왔다. 대부분 기회를 찾아 고향을 떠나왔지만 그렇다고 일터의 환경이 좋은 것은 아니었다. 일터 주변의 간이 숙소든 아예 거기서 먹고 자는 형식이든 이들은 기회를 도시에 두었다. 근무 여건이 열악했지만 그래도 가능성이 아주 없어 보이진 않았다. 이런 1970년대의 사회적 분위기는 당시의 문학 작품을 통해서 엿볼 수 있다. 그러나 여전히 사회는 우리에게 커다란 도전의 대상이기에 저마다의 꿈과 좌절을 안고 살아야만 한다.

스치는 삶의 유대

습하고 무더운 날의 충신동 골목이다. 미로 같은 건물 틈 사이로 난 조그만 골목길 층계를 딛고 올라서자 느닷없이 방역 오토바이가 하얀 연기를 뿜으며 지나간다. 노출이나 핀트를 맞추고 상황에 재빠르게 대처할 수 없는 경우에는 앞뒤 생각할 필요가 없다. 무조건 찍고 보는 것이 상책이다. 어찌 됐든 실패한 사진이나 괜찮은 사진, 둘 중의 하나는 얻을 수 있다. 두 사람이 스치는 움직임과 빠끔히 밖을 내다보는 아저씨, 석유 냄새와 살충제 연막이 어우러져 사진에 담겼다. 삶의 유대가 진하게 배어나는 매우 흥미로운 사진이다.

Hall D

가상의
공간

가상의 공간에 걸려 있는 사진은 건축 모형 사진이다. 건축사진을 찍을 때 원하는 대로 상황을 조절할 수 있는 경우는 흔치 않다. 그에 비해 건축 모형 사진은 상대적으로 상황의 제약이 덜하여, 건축사진 촬영의 기술적 능력을 향상하는 데 도움이 된다. 건축을 찍기 전에 건축가의 의도와 이에 얽힌 이야기를 파악해야 하듯이 건축 모형 또한 촬영 전에 이러한 사항을 알아두는 것이 필요하다. 그 결과로 탄생한 건축 모형 사진이야말로 실제 건축의 본연과 동떨어지지 않는 모습인 것이다.

가상의
공간

건축의 계획 단계에서 이를 경험하기에 가장 효과적인 수단인 건축 모형은 15세기에 처음 제작되었다. 당시 피렌체는 대성당 건축 계획을 세우고, 채택한 설계에 따라서 공사장의 한편에 벽돌로 된 대성당 모형을 제작했다. 그런데 모형의 크기가 사람이 드나들 수 있을 정도로 너무 컸다. 이에 크기를 줄이고, 벽돌보다 가볍고 간단히 다룰 수 있는 목재를 사용해 모형을 만들기 시작한다. 직경 43m에 이르는 피렌체 대성당의 대규모 돔 건설만이 남은 상황에서 이 난제를 풀기 위한 공모전이 1419년에 열리게 된다. 해답을 제시한 이는 원근법을 창안한 필리포 브루넬레스키(Filippo Brunelleschi, 1377~1446)였다. 그는 건축 설계에 건축 모형을 적극적으로 활용했던 건축가로, 그때부터 건축 모형은 건축을 가상으로 체험할 수 있는 가장 효과적인 수단으로 자리매김하였다.

물론 지금은 컴퓨터 그래픽의 3차원 시뮬레이션이 개발되어 미리 건물의 모습을 자유롭게 살펴볼 수 있다. 그러나 모니터에서 보이는 색상에 의존할 수밖에 없어 질료적 체험이 불가능하다. 반면 건축 모형은 그 크기는 작지만 모형만이 지니고 있는 물질성 때문에 실제 건축을 대신할 만한 효과적인 수단이 된다. 특히 빛이 만들어낸 음영 효과를 눈으로 보며 사진에 담을 수 있다는 것은 모형만의 장점이다.

또한 건축 모형은 완성될 건물의 축소된 목업mock-up*이므로 물질적 공간을 가늠해볼 수 있다. 일반인에게는 설계도만으로 건축을 상상하는 일이 결코 쉽지 않다. 이때가 건축 모형이 빛을 발하며 자신의 가치를 입증하는 순간이다. 건축 모형은 일반인들도 쉽게 건축의 의도를 이해할 수 있도록 도와주기 때문이다. 하지만 건축 모형의 제작은 실제 건물에 쓰일 재료를 똑같이 사용할 수 없다는 한계가 있다. 가끔 완성된 모형의 재질이나 색감이 억지스러워 현대의 공모전에서는 전체 모형을 모두 흰색으로 표현하라고 지침을 주기도 한다. 이렇게 만들어진 모형은 음영만으로 양감을 보여주는 것이 효과적이다. 건축 모형의 단순함이 보는 이들의 상상력을 자극하기 때문이다.

---

* 비행기나 자동차 따위를 개발할 때 각 부분의 배치를 보다 실제적으로 검토하기 위하여 제작하는 실물 크기의 모형을 말한다.

상상의 건축

수원신풍지구미술관의 건축 모형이다. 모형 촬영을 할 때는 건축 모형에 비해서 상대적으로 큰 카메라가 불편하게 느껴질 수 있다. 하지만 나머지 기술적인 것은 실제 건축을 촬영할 때와 같다.

대체로 건축 모형 사진 촬영은 장소와 시간의 제약을 많이 받는다. 건축 모형의 특성상 스튜디오에 가져와서 작업하기보다는 현장의 주어진 여건 속에서 일을 할 수밖에 없다. 건축 모형 제작 사무소에서 두세 시간 촬영한 후, 몇 시간에 걸친 보정 작업을 마치고 납품을 하는 형식이다. 공개경쟁에 참여하는 건축사 사무소는 최상의 설계를 위해 항상 시간에 쫓길 수밖에 없다. 제출해야 할 것들도 많고, 작업이 모두 협업으로 이루어지기 때문이다. 건축 모형 사진 촬영은 마지막 단계의 일이며, 대개 공모 마감 전날 밤에야 비로소 촬영 일정이 잡힌다. 간혹 상황이 여유로울 때도 있으나 건축 모형 사진 촬영은 대부분 긴박한 일정으로 진행된다.

짧은 시간 안에 촬영을 마치기 위해서는 한 번 설치한 조명을 덜 움직이고 모형을 돌려가며 찍는 것이 중요하다. 다시 조명이 바뀐다면 한두 컷의 다른 사진을 찍는 식으로 촬영하면 좋다. 그러나 건축 모형 사진 촬영을 이처럼 도식화하는 데는 한계가 있다. 건물의 형태와 질감 또는 내부 공간의 표현과 실내 조명 등이 제각기 다르기 때문이다. 여기에 협소한 장소에서 촬영을 해야 하는 경우라면 더욱 곤혹스럽다. 그러나 상황이 어찌됐든 건축사진가는 좋은 사진을 뽑아내야 한다.

비좁은 공간에서 촬영할 때는 내부의 벽면과 천장을 반사판처럼 생각하는 것이 도움이 될 수 있다. 벽면에 반사된 빛은 그림자 속이 보이도록 도움을 준다. 물론 거리나 각도를 세심히 살피는 것은 필수다. 여의찮으

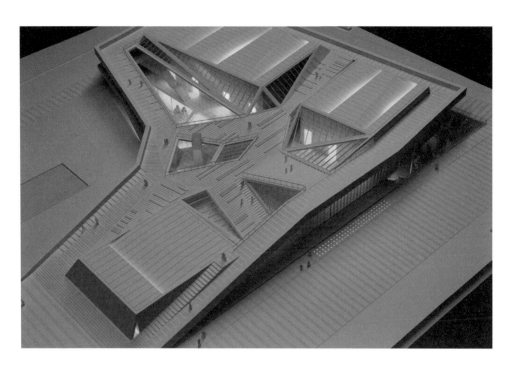

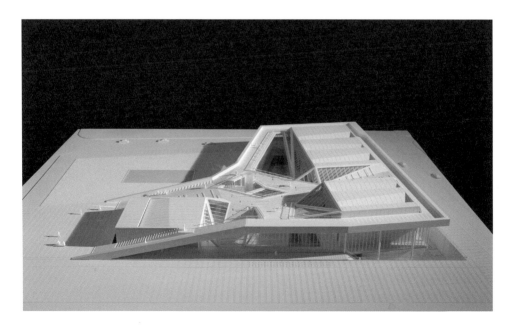

면 화이트보드를 이용한다. 가끔은 현장의 실내등을 켜고 사진을 찍기도 한다. 만약 실내 조명이 여러 개의 형광등으로 이루어졌다면 흐린 날처럼 그림자가 없는 상황을 연출할 수 있다. 이러한 방법은 야경 사진을 찍을 때도 도움이 되는데, 이때는 모형에 설치된 실내 조명이나 경관 조명의 밝기 비례를 잘 조절해야 한다.

그곳에 들어가 거닐고 있는

국군복지관의 건축 모형이다. 사진 촬영에 앞서 필요한 것이 있다. 바로 건축 모형을 통해 건축의 의도를 읽는 것이다. 이때 건축가나 관계자로 부터 개략적인 설명을 듣는 것이 좋다. 건축 디자인 의도를 알면 사진 작업의 방향부터 촬영 시점, 즉 앵글이나 포인트 등을 잡는 데 도움이 된다. 때로는 혼자 알아서 해결해달라는 부탁을 받기도 하는데, 이때가 바로 그동안의 경험들이 발휘되는 순간이다.

사람의 인식 구조는 기승전결에 익숙하다. 그러므로 건물에 접근하는 사람들의 동선은 매우 중요하다. 건축에 접근하는 방식은 건축의 첫인상을 결정하는 중요한 포인트이기 때문이다. 건축가는 예측 가능한 여러 가지 요인과 사안들에 따라 건축을 디자인한다. 진입 방향을 제시하고 또 틀기도 하며, 막아서고 열어주며, 채우고 비워 건축적 공간을 형성한다. 건축 읽기가 끝나면 머릿속에 순서를 정해놓고 하나씩 사진을 찍어나가면 된다. 이 작은 모형이 실제로 지어진 건물이라 상상하며 그곳에 들어가 거닐고 있는 자신을 떠올려보자.

건축 모형 사진을 찍을 때는 조명을 꼼꼼히 다루어야 한다. 효과적인

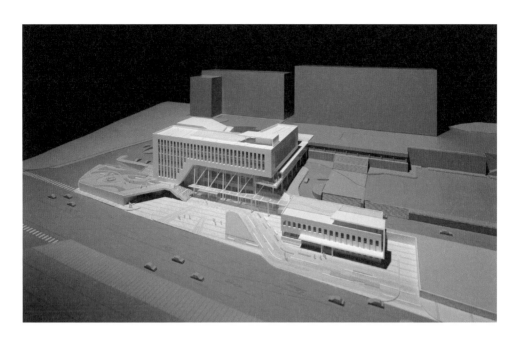

음영을 통해 전체적인 매스와 건물의 양감, 디테일을 세밀하게 표현해야 하기 때문이다. 하얀색으로 칠한 건축 모형을 사진으로 찍기 위해서는 그림자를 적절히 이용하여 설계 의도를 드러내는 데 주안점을 두어야 한다. 단순히 물체를 취급하는 것과 다르게 건축 디자인 의도를 효과적으로 나타내 보여야 하는 것이다.

시점을 정했다는 것은 카메라의 위치, 방향, 높이를 결정했다는 것이다. 그러고 나면 어떤 사진을 찍을 것인지 이미지가 떠오를 것이다. 이제 부터는 조명을 설치하고 그림자를 어떻게 연출할 것인지 고민해야 한다. 가장 많이 쓰는 조명은 측면에서 비스듬히 비치는 사광이다. 그림자의 방향, 크기, 각도를 면밀히 살핀 후 마지막으로 찍을 사진의 프레임에 떨어지는 광량을 조절한다. 그것은 건축 사진에서 가장 중요한 작업이다. 관찰자로 하여금 이 사진에 호감을 갖도록 심리적인 호소를 하는 역할을 하기 때문이다. 촬영자가 상황을 마음대로 제어할 수 있는 경우는 흔하지 않다. 모형 사진을 찍으며 자유롭게 사진을 만들어보자. 언젠가 촬영 현장에서 많은 도움이 될 것이다.

공중 정원의 빛

도곡1동문화센터 건축 모형은 스텔스 전투기의 외형을 닮았다. 보다시피 여러 면으로 각지게 설계되어 있는 외벽을 효과적으로 보여주는 것이 사진의 핵심이었다. 또 하나의 고려 사항은 열린 지붕으로 하늘의 별을 보고, 바람을 느낄 수 있도록 공중에 정원이 마련되어 있다는 점이었다. 맞은편 벽에 빛이 스치며 떨어지게 해서 어두워 보일 수밖에 없는 공중 정원을 드러내는 것이 중요했다. 이를 위해 조명은 모형 상부에 있어야 한다. 그리고 위에서 스치듯 내려오는 빛은 건물의 외벽에 미세한 음영을 만들어 그 각진 선이 칼로 잘라낸 것처럼 예리하게 보여야 한다. 눈으로 조명의 거리, 각도, 조도를 정교하게 살피고 최선의 상태를 확인한 후 촬영한다. 그래도 미진한 곳은 후보정 과정에서 보완하면 된다.

예를 들어 사진에서 어느 한 삼각면의 밝기가 이웃한 삼각면의 밝기와 비슷하여 그 구분이 어렵다고 가정해보자. 포토샵에서 해당 사진을 불러온 후 layer 창에서 curve를 열고 조절이 필요한 삼각면의 밝기를 조절한다. 이때 커브의 사선을 커서로 찍어 움직인다. 그러고 나

서 window tool box 하단의 페인트 색이 검은색임을 확인한 후 paint bucket tool을 지정한다. 그러면 마우스의 커서가 화살표에서 페인트 통으로 변해 있을 것이고, 이것으로 사진을 클릭하면 layer 박스의 curve-1 흰색 칸이 검은색으로 바뀔 것이다. 이렇게 조절된 사진을 200% 확대하여 작업할 삼각면을 polygonal lasso tool*로 따낸다. 이때 feather**값은 1픽셀이 적당하다. 값이 0이면 도려낸 선이 너무 예리하여 표시가 날 것이며, 2이면 그 면이 조금 뿌예질 것이다.

이제 원본 사진, 즉 레이어 란의 바탕 사진과 구분이 필요한 두 삼각면이 접하는 부분을 처리하자. 이때 처리할 삼각면의 어느 쪽이 연접한 삼각면과 좋은 대비를 이루는지 결정한다. 여기서 다시 window tool box 하단의 페인트 색을 흰색 페인트로 바꿔놓아야 한다. window tool box에서 brush tool 선정 후 브러시 크기를 삼각면의 크기로 만들어 30% 정도로 솜뭉치처럼 부드럽게 준비한다. 이때 두 삼각면이 좋은 대비를 이루어야 할 쪽으로 치우쳐 brush tool의 가장자리만을 이용해 문지르는 것이 좋다. 이렇게 처리한 효과는 layer 창의 curve-1 왼편에 있는 눈을 클릭해보면 알 수 있다. 결과적으로 각각의 면이 알맞은 밝기와 음영으로 조절되어 양감을 갖게 된다. 이제 마지막으로 layer 창에서

---

* 포토샵 기능 중 하나로, 다각형 올가미 툴이라는 뜻이다. 상자, 건물 등 직선의 영역을 선택할 때 주로 사용한다.

** 포토샵 기능 중 하나이다. 선택 영역의 가장자리를 흐리게 해주는 효과로 수치가 클수록 가장자리가 흐려져 뿌옇게 처리된다.

flatten image를 수행하면 지금까지 작업한 두 장의 사진이 한 장으로 완성된다. 그런 뒤에 추가적으로 나머지 주변 지형의 밝기와 농도 등을 조절하면 된다.

촉촉한 조명

삼성전자의 R5-project 건축 모형은 한낮의 건축 사무실에서 촬영할 수밖에 없었다. 다른 모형보다 보안이 까다로웠기 때문이다. 사실 대낮의

환한 사무실은 모형 사진을 촬영하기에는 부적합하다. 흰색의 모형은 그림자로 음영을 만들어 찍어야 하는데, 주변이 밝으면 그림자가 희미하기 때문이다. 이럴 때는 외부의 빛이 스며들어오는 창 쪽을 향해서 암막을 친 후 반대쪽을 역광의 상황으로 어둡게 만든다. 이제 건축 디자인이 명징하게 드러나도록 조명을 설치하는 것이 관건이다. 박스형의 반듯한 건물이므로 삼면의 밝기, 음영을 잘 배분하는 것이 중요하다.

기본적으로 프레넬 렌즈fresnel lens*가 장착된 지속광 라이트, 라이트 스탠드, 검은색 벨벳이 필요하다. 여기에 배경 천을 고정시킬 배경용 폴, 탑 조명을 위한 붐 스탠드, 여분의 조명 기구, 스탠드를 더하면 모형 촬영을 위한 만반의 준비가 된 셈이다. 간편히 촬영을 하고자 할 때는 사진 조명용 갓에 푸른색 포토 램프나 백열 텅스텐 램프를 달아 사용하면 된다. 만약 순발력만으로 모형 사진을 찍어야 하는 상황이라면 책상을 비추는 스탠드나 알전구도 괜찮은 대안이다. 최근에는 디지털카메라의 성능이 워낙 뛰어나기 때문에 상황에 적절히 대처할 수 있는 범위가 넓어졌다.

만일 이 사진처럼 단 한 장의 사진을 찍는다면, 먼저 사람들이 가장 빈번하게 출입하는 동선의 방향을 찾아 카메라앵글을 정한다. 그리고 건

---

* 윤곽을 부드럽게 하는 특수 렌즈로, 스포트 라이트의 집광용 렌즈로 쓰인다. 집광 렌즈의 중심 두께를 얇게 하기 위해 렌즈의 곡면을 링 모양으로 나누어 링마다 프리즘 작용이 일어나도록 해 수차를 작게 한 것이다.

** 건축물의 외부나 동상, 기념비, 경기장 등을 돋보이도록 하기 위하여 투광기를 사용하여 조명하는 것을 말한다. 투광기란 광학계를 이용해서 광원으로부터 발산하는 빛을 한 가닥으로 모아서 비추는 장치이다.

물의 넓고 좁은 면의 비례와, 벽면과 지붕면의 비례가 알맞도록 높이를 정한다. 세 번째로 대상과의 거리를 정한다. 거리감을 효과적으로 느끼기 위해 한쪽 눈으로 보는 방법도 좋다. 앞뒤로 움직이며 대상을 바라보면 마치 현실 공간에 들어와 있는 것처럼 실감이 날 것이다. 카메라앵글은 정했고, 이제 조명을 세밀하게 조정해야 한다. 위 사진처럼 각각의 면과 단면, 돌출된 곳과 움푹한 곳에 따라 정교하게 빛의 각도를 조정한다. 이제 음영의 두께를 잘 조절하며 슬래브 윗면의 밝기를 결정한다. 마지막으로 모형 전체에 비추는 조명의 조도를 맞춘다.

모형 촬영에 쓰이는 투광 조명^{flood light}**이 비추는 빛은 프레넬 렌즈를 통해서 비교적 가지런히 정렬된다. 그러나 그 조도는 비추는 원의 중심에서 가장자리로 벗어나면서 조금씩 낮아질 수밖에 없다. 이 현상을 적극적으로 이용하면 좋은 결과를 얻을 수 있다. 촬영하려는 현재의 앵글에서 앞쪽에 보이는 모형의 일부분을 약간 어둡게 처리하기 위하여 조명의 각도를 조절한다. 즉 카메라와 조명의 방향, 거리, 높이를 정한 후 마지막으로 모형 전체에 떨어지는 빛의 밝기를 사진 효과에 알맞게 배분하여 촬영하는 것이다.

예컨대 예식장에서 동영상을 촬영할 때 비디오카메라 상부에 달린 조명이 약간 위쪽을 향해 들려 있는 것을 보았을 것이다. 이것은 촬영하는 화면 하단을 약간 어둡게 찍으려는 의도다. 화면의 앞쪽을 약간 어둡게 처리하면 정서적으로 촉촉하게 느껴지는 이미지를 얻을 수 있기 때문이다.

건축의 속을 밝히다

상하이엑스포 한국기업관 건축 모형의 사진이다. 옥상의 바닥을 투명한 유리 같은 재질로 마감했다. 실제 소재는 타공철판이 아닐까 싶다. 그 아래로 휴게 공간이 펼쳐진다. 그리고 나무가 그 공간을 관통하는데, 식생과 함께하는 쾌적한 공간을 만들겠다는 의도로 보인다. 사진에는 잘 보이지 않지만, 그 유리의 단면 아래에 빈 듯 보이는 휴게 공간에는 사람들이 휴식을 취할 수 있는 산책로가 있다.

이 건축 모형의 경우 차곡차곡 쌓인 듯한 외벽의 단면과 물결치듯 중첩되어 보이는 곡면의 표현이 중요하다. 그에 따른 적절한 물리적 양감이 표현되어야 하는 것은 당연하다. 또한 모형 내부와 에스컬레이터가 잘 보여야 한다. 내부에 조명이 설치되지 않아 어둡게 보이기 때문에 조명을

잘 이용하는 것이 중요하다.

모형의 옥상과 휴게 공간은 탑 조명으로 해결할 수 있다. 그러나 모형 속은 어둡게 찍힐 것이니, 뒤편 바닥에 스포트라이트를 비춘다. 이때 중요한 것은 그 빛의 강도와 범위를 정하는 것이다. 되도록 표시가 나지 않도록 조명 기구 앞부분에 장착된 반 도어barn door*를 이용해 적절히 빛을 가리고 미세하게 조절하는 것이다. 뒤쪽에 강하게 떨어진 스포트라이트에서 반사한 빛으로 모형의 속이 환해져야 한다. 두 개의 조명을 사용하므로 그림자가 분산되어 보이지 않도록 해야 하며, 서로의 밝기 비율을 조절하는 데도 유의해야 한다.

밤에 건축이 어떻게 보일지

ACC광주 건축 모형의 야경 사진은 밤에 건축이 어떻게 보일지를 탐구한 결과이다. 대지의 조건과 상황, 계획 의도, 건축 디자인 등을 보여주어야 한다. 다소 설명적이지만 감성적이며 차분하게 보이는 것이 좋겠다. 사전에 반드시 고려해야 하는 것이 있는데 모형 자체에 설치된 램프가 어떤 종류인지 확인하는 것이다. 건축 모형은 그 스케일이 아주 작기도 하고 또 비교적 큰 경우도 있으므로 모형 내부에 설치된 등이 다양할 수밖에

---

* 조명기의 앞부분에 설치되어 광량을 조절하는 금속판이다. 조명기 전면에 두 개 혹은 네 개의 판(door)이 달려 있어 그것을 따로따로 움직여 빛을 조절할 수 있다. 판을 열수록 광량이 증가하고, 닫을수록 광량이 감소한다.

없다. 막대 형광등, 삼파장 램프, LED 램프, 파일럿pilot 램프*, 광섬유 램프, 발광 시트 등이 쓰이며 때에 따라서는 백열전구가 사용되기도 한다.

이처럼 다양한 조명이 모형에 사용되지만 중요한 것은 종류가 아니라 색온도이다. 만일 모형 촬영을 위해 준비한 조명등과 모형 내부에 설치된 램프의 색온도가 다른 계열일 경우에 그 사진은 부분적으로 푸르거나 붉게 된다. 이런 상황에 맞닥뜨리지 않기 위해서는 색온도를 같은 계열로 맞춰서 촬영해야 한다. 색온도는 크게 붉은 계열과 푸른 계열로 나뉘므로, 사용 빈도수가 높은 80A(파란색) 조명용 셀룰로이드 필터를 따로 준비하는 것이 바람직하다. 이 필터는 백열등(텅스텐) 계열의 붉은색을 주광색(태양빛)으로 바꿔준다.

이제 준비가 다 되었으면 사진을 찍어보자. 모형 촬영은 주로 모형

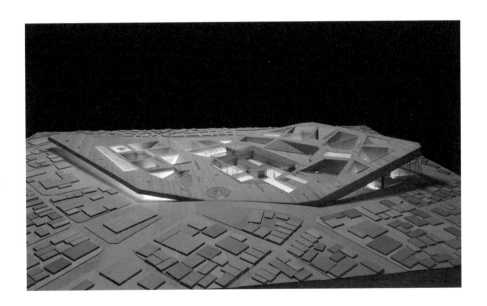

사무실에서 밤 시간대에 이루어지기 때문에 순간적인 재치로 사진 작업을 진행할 수 있어야 한다. 준비한 조명 기구를 흰색의 천장에 비춰서 아래에 부드러운 빛이 떨어지도록 연출한다. 그 후 앵글과 각도를 치밀하게 정해 카메라를 세트한다. 이제 모형 내부의 램프를 켠다. 이때 색온도의 계열을 맞춰야 하는데, 같은 계열이면 그대로 촬영하고 다르면 촬영 조명 기구 앞에 색필터를 장착한다. 이제 남은 것은 모형 내부에 설치된 램프의 밝기를 조절하는 것이다. 밝기 조정이 가능한 조광기調光機**가 모형에 달려 있으면 좋겠지만 대부분은 밝기가 고정된 램프일 것이다. 이럴 경우 촬영용 조명의 밝기를 조절하면 된다. 바운스***한 조명의 거리, 각도, 방향 등을 조절하거나, 촬영용 조명에 휴대용 조광기를 장착해 간단히 조절할 수 있다. 이제 카메라의 화이트밸런스를 맞춘다. 준비된 촬영 상황 아래에서 그레이카드를 꺼내 한 장을 찍고, 커스텀 세팅을 하면 카메라가 자동으로 화이트밸런스를 맞출 것이고, 나머지는 후처리 과정에서 색조를 세밀하게 조절하면 된다.

---

* 표시등이라고도 한다. 소비 전력이 적은 소형 텅스텐 전구 또는 네온 전구가 사용된다. 전기 배선의 전원 연결 여부, 엘리베이터 이동 방향 등을 표시할 때 사용된다.

** 무대나 관람석을 비추는 빛의 강도를 조절하는 장치를 말하며, 디머(dimmer)라고도 한다. 저항기식, 변압기식, 반도체 조광방식 세 가지가 있다.

*** 바운스 라이트(bounce light). 조명을 직접 피사체에 비추지 않고 실내의 천장이나 벽 등에 비추어 그 반사광으로 조명하는 조명법 또는 조명광을 말한다.

드로잉처럼, 선율처럼

동아PF 건축 모형은 겨우 20cm 정도밖에 안 되는 크기였다. 건물 상부가 치켜올라간 것처럼 보이지만 실제로는 뒤쪽과 같은 높이다. 옥상의 단면이 마치 꽃의 형상 같아 사진이 꽃잎처럼 약간 강조되어 보이는 것이 좋겠다는 생각을 했다.

모형의 재료는 얇은 반투명의 플라스틱 재질로, 부드럽게 음영을 살리는 것이 관건이었다. 위에서 쏟아져내리듯 탑 조명을 비추고, 미세하게 모형을 움직여 특징을 살렸다. 외벽을 타고 흐르는 빛으로 건물의 유려한 곡선을 살리는 것이 연출의 핵심이었다. 또 저층부에 꽃받침처럼 보이는 가벽의 날렵함을 동시에 보여주고자 했다. 가벽의 두께감과 살짝 내디딘 앞쪽의 가녀린 기둥이 한 폭의 드로잉이자 선율처럼 보인다.

이를 위해 일반 카메라를 이용해 초광각 렌즈의 시점을 실제 상황의 눈높이에 두고 현관의 입구를 겨냥했다. 그리고 건물의 상부가 잘리지 않는 거리까지 접근해 촬영했다. 그 결과 건물의 상부가 위로 치켜올라가 꽃잎같이 보이는 효과를 낼 수 있었다. 이때 땅바닥이 사진의 절반 가까이를 차지하게 되는데, 건물의 상승감을 위해서 잘라내는 것이 좋다. 정사각형에 가까워진 사진에 상부의 하늘을 연장시키는 것은 어렵지 않다. 검은색 하늘을 복사해 붙이면 된다.

허공 속 건축

루이뷔통 서울 건축 모형은 매우 실험적으로 디자인되었다. 이 사진에서는 잘 드러나지 않지만 흔히 볼 수 없는 구조이다. 한쪽에만 코어가 있고, 반대편은 지지체 없이 유리만 끼워져 있는 모습이었다. 이 루이뷔통 건물의 모형이 실제로 지어지면 어떤 느낌일까. 육중한 듯 보이는 상부의 덩어리가 마치 허공에 떠 있는 것처럼 보일지도 모른다. 한 편의 건축 영화가 생각나는 순간이다.

프랑스 영화 〈콜하스 하우스라이프(Koolhaas Houselife)〉(2008)에 나오는 주택은 중력을 비웃듯이 서 있다. 장대한 구조체의 한쪽이 허공에 떠 있는 형국이다. 이는 와이어로 연결된 무거운 추가 반대편 땅속에 숨겨져 있기에 가능한 것이다. 스위스 태생의 프랑스 건축가 르 코르뷔지에(Le Corbusier, 1887~1965)가 말했던 삶을 위한 기계를 구현한 것일까. 기계처럼 작동하는 이 집을 관리하는 아주머니의 평소 일과는 집 안을 청소하는 것이 전부였다. 비 오는 날이면 곳곳에 새는 빗물을 닦고 심지어 양동이로 낙숫물을 받아야 하고, 비가 더 많이 오는 날은 어느 벽체의 틈에서 빗물이 콸콸 쏟아지기까지 한다. 네덜란드의 건축가 렘 콜하스(Rem Koolhaas, 1944~)가 설계한 이 주택은 살기에는 결코 편하지 않다. 하지만 소소한 곳에 위트가 숨어 있어 잔잔한 감동을 주기에는 부족함이 없다.

사진 촬영은 매우 좁은 장소에서 이루어졌다. 사진을 찍던 조그만 회의실은 공간이 넉넉하지 않았다. 순발력과 기지를 발휘해야 할 순간이다. 천장은 낮은 데다가 전시 작품 조명용 램프까지 달려 있다. 탑 조명은 천장이 높아야 효과적인데 설치할 여건이 되지 않는다. 아쉬운 대로

회의실 천장에 매달린 램프를 이용해 사진 작업을 했다. 모형의 특성이 효과적으로 보이도록 램프의 불빛 아래에 모형을 세밀하게 위치시켰다. 보통 지속 광으로 탑 조명을 줄 때는 붐 스탠드를 사용한다. 여기에 필요한 대로 반 도어를 열고 닫아 효과를 연출한 뒤 촬영하게 된다. 그런데 여기서는 램프에 씌워진 등갓이 크지 않아서 모형의 위치만 조정하는 것으로 충분했다. 모형의 지붕 아래쪽이 불이 켜진 것처럼 보이는 것은 탑 조명 연출에 의한 것이다. 위아래가 뚫린 사각형 유닛의 다발이라서 가능했다. 완성된 사진을 보자. 거대한 입방체가 중력을 비웃듯 허공 속에 떠 있다.

용산국제업무지구

경인선은 서울과 인천을 잇는 한국 최초의 철도로, 1899년 제물포에서 노량진까지의 구간이 개통되었다. 그 후 1900년에 한강 철교가 부설됨에 따라 구간을 연장해 용산역과 남대문정거장까지 이어지게 되었다. 1905년 경부선이 개통됨에 따라 용산역은 부산행 열차의 시발역이 되었다. 용산에 있던 차량 기지는 제천으로 옮겨졌고, 이에 철도청의 부채를 덜기 위해 용산국제업무지구 사업이 추진되었다.

용산국제업무지구의 건축 모형은 축척이 1/400이다. 중앙에 위치한 높은 건물의 높이가 2m 정도이니 아래의 사이트까지 더하면 3m는 될 것이다. 전체 모형의 크기는 가로세로 4.5m이다. 이 안에 새로 지을 계획 건물 20여 동을 각 단위 사이트마다 얹어놓았다. 설계를 맡은 각각의 건축 회사에서 보내온 개별 모형을 모두 한자리에 모아둔 것이다. 이미

도착한 개별 모형들은 이미 전날부터 촬영해온 터라, 최종으로 한자리에 모인 전체 모형만 촬영하면 되었다.

전체 모형은 사업설명회가 진행될 연회장에 설치되었다. 다음 날 아침부터 시작될 행사 준비를 위해 각 분야의 사람들이 분주했다. 이 사진을 찍기 위해 약 7kw 정도의 텅스텐 조명을 몇 개로 나누어 준비했다. 연회장의 전체 조명이 들어온 상태에서, 가져간 텅스텐 조명으로 임팩트를 주고 촬영했다. 준비한 4×10m 크기의 검은색 천을 배경으로 펼쳤지만 전체 모형을 다 가리기에는 약간 부족했다. 이런 경우에는 모형에서 중요하거나 복잡한 부분만 배경 천으로 가리고 나머지는 후처리 과정에서 해결한다.

그중 트리플 원의 건축 모형은 매우 정교했다. 중앙 코어를 중심으로

각 층의 바닥면이 펼쳐진 모양이었다. 투명한 아크릴을 두 쪽으로 가공하여 마치 조개껍데기처럼 감싼 듯했다. 유니콘의 뿔처럼 뾰족한 이 빌딩의 모형은 반사가 심하기도 했지만 그 키가 커서 매우 까다로웠다. 찍을 모형을 세심히 관찰하며 조명의 효과적인 포인트를 찾아내는 것이 관건이었다. 다행히 연회장의 천장이 높아 작업 공간이 여유로웠다. 렌조 피아노 빌딩 워크숍Renzo Piano building workshop의 건축가들이 이곳으로 모형을 직접 가져와 조립했다. 촬영할 때도 트레이싱 종이를 이용해 튀는 빛을 부드럽게 만들고 각도를 조정해 원하는 빛을 만들어냈다. 그래서 그런지 사진 속 20여 동의 건물 중에서도 트리플 원은 제 스스로 빛을 발하고 있다. 파리의 퐁피두센터를 설계한 렌조 피아노(Renzo Piano, 1937~)의 솜씨다.

Hall E

사유의
공간

사유의 공간에 걸려 있는 사진은 읽어야
하는 건축사진이다. 건축사진 한 장에서
그 공간의 숨은 의미를 읽어낼 수 있을
때, 우리는 비로소 그 사진을 이해한 것
이라 할 수 있다. 이는 사진가의 시각에
따라 시점이 정해진 사진이며, 여기에는
의도적인 관점이 내재되어 있다. 사유의
공간에서는 사진에 담긴 건축의 역사와
사람들의 삶 그리고 이를 비추는 사진가
의 눈을 포착할 수 있다.

사유의
공간

존 시스템^{zone system}에 심취했던 시기가 있었다. 미국으로 출장 가는 지인에게 부탁해 책을 구하기도 했다. 설계 사무소에서 빌려보던 건축 무크 《GA》를 통해 건축사진에 매료되었다. 《GA》는 일본에서 발간하는 부정

기 잡지로, 발행인이 직접 사진을 찍고 그 사진들을 잡지에 게재한다. 발행인은 자신의 사진을 구별하기 위해 책등에 별도의 표시를 했는데, 8자 모양으로 소용돌이가 연결된 특이한 모습이었다. 《GA》는 인쇄가 잘된 흑백 사진으로 건축을 소개했기 때문에 많은 건축인들의 사랑을 받았다. 당시에 잘 찍은 흑백 건축사진을 볼 때마다 도전하고 싶은 욕망이 일어났고, 그때의 마음은 지금까지도 선명하게 남아 있다.

존 시스템은 사진의 대상이 갖는 밝기를 모두 0~10단계, 총 11단계로 나누어 체계화한 과학적인 실행 이론으로, 각 단계를 존zone이라고 하며, 각 존이 모여 띠를 형성한 것을 존 스케일zone scale이라 한다. 즉 계조가 좋은 사진을 얻기 위해 촬영 시 노출과 필름 현상을 조절하는 것을 말한다. 1870년대 페르디난트 후르터(Ferdinand Hurter, 1844~1898)와 베로 찰스 드리필드(Vero Charles Driffield, 1848~1915)가 기초를 세우고, 1930년대 이후 앤설 애덤스(Ansel Adams, 1902~1984) 등에 의해 꽃을 피웠다.

흔히 필름 현상에서 증감, 감감 현상이 수행되는 방식이며, 필름 현상 시 좋은 결과물을 얻으려면 사전 촬영previsualization 때 적정량의 노출 가감이 선행되어야 한다. 그 결과 톤이 잘 조절된 아름다운 사진을 얻을 수 있다. 또한 흑백 사진은 상상의 이야기를 담아내기에 알맞다. 컬러의 정보를 상실해 다소 추상적인 사진처럼 느껴질 수 있으나 그 빈자리를 다른 것이 메운다. 공간의 이야기뿐 아니라 사진가의 사유, 사진을 감상하는 이들의 상상이 사진 속에 들어와 함께하는 것이다.

- 자연과 건축

한국의 고건축은 인문적이다. 조선시대 선비 사회의 인문적 소양은 집 짓는 일에도 고스란히 투영되었다. 자연을 극복의 대상으로 보지 않는 고건축은 자연과 합일을 이룬다. 인위적으로 자연을 소유하려 하지 않으며, 자연과 하나가 되어 경관의 일부를 바라보며 즐긴다. 자연은 그저 가만히 바라보며 힘을 주는 대상으로 존재할 뿐이다. 자연은 건축과 그림, 음악, 공예, 문학 등에 유장한 시간의 흔적을 새겨놓았다.

사람이 찍히지 않은 건축사진에도 사람들의 이야기는 존재한다. 그 집을 짓고 살았던 사람들의 소소한 이야기와 내력이 그 집에 서려 있기 때문이다. 마치 보이지 않아도 존재하는 공기처럼 부유하는 시대의 인문

적 사유는 유독 한국의 고건축에 진하게 배어 있다.

이 땅에서 오랜 세월 동안 형성된 고건축을 현대건축과 나란히 비교할 수는 없다. 하지만 옛 방법에서 오늘날의 우리에게 유효한 지혜와 정신을 찾아볼 수는 있을 것이다. 봉정사 영선암은 그다지 화려하지 않은 모습이다. 절집에 있지만 단청도 없는 조용한 암자다. 앞에서 보면 단조로운 일자형에 조그만 출입문뿐이어서 별로 눈에 띄지 않는다. 그러나 네 동의 건물이 ㅁ자 형으로 가운데 마당을 둘러싸고 있는 형태다.

특이한 점은 지형의 높고 낮음에 맞추어 각각 건물의 대지를 조성했다는 것이다. 대개 높낮이가 다르면 흙을 쌓아 대지 전체를 평평하게 만들고 건물을 올리지만 그렇게 하지 않았다. 건물마다 제각각의 높이를 지녀 다양한 공간을 연출하도록 했다. 게다가 세월의 흔적마저 여기에 가세해 기둥도 조금씩 기울었으니 수더분하며 붙임성 좋은 시골 아낙처럼 정다운 모습이 연상된다. 입구도 낮아 출입할 때는 머리를 낮게 숙여야 한다. 행동을 조심하고 늘 평정심을 유지하라는 뜻일 것이다.

마당에서 밖을 내다보면 문밖의 풍경이 액자에 담긴 듯하다. 입구 양옆의 두 곳은 막혀 있지만, 입구에서 위로 이어지는 기둥을 기준으로 상단의 세 곳은 열려 있는 것을 볼 수 있다. 열린 세 곳 중 가운데가 막혔다고 생각하면 허void와 실solid이 뒤바뀌며 반복하는 것을 볼 수 있다. 건축에 리듬감이 가미된 것이다. 또한 마당을 둘러싸는 형태로 들어앉은 네 동의 건물은 지루함을 달래주며, 잠깐의 일탈을 제공하기도 한다. 안으로는 내밀하여 공부에 도움을 주고, 고개만 돌리면 풍경을 감상할 수 있는 넓은 시야를 제공하니, 한국의 서원이 배움의 공간으로 적절한 이유가 여기에 있는 것이다.

Mute

100년이라는 세월은 결코 짧지 않다. 인생의 주기이며 역사적으로도 수많은 사건들이 점철되는 시간이다. 그렇다면 백년과 천년의 주기가 바뀌는 해는 어떨까. 세기말은 인류의 역사에 뚜렷한 흔적을 새긴다.

독일의 시인 요한 볼프강 폰 괴테(Johann Wolfgang von Goethe, 1749~1832)의 도시 바이마르는 1999년 유럽의 문화수도로 지정되면서, 1997년에 이를 기념하기 위한 에세이 콘테스트를 개최한다. 그 주제는 '미래로부터 과거의 해방, 과거로부터의 미래의 해방'이었다. 시간을 추상적으로 표현한 주제처럼 보이지만 세기말과 새천년을 준비하는 차분한 자세를 보여준다. 그때 우리 사회는 새로운 출발을 위한 성찰의 기회를 갖기보다는 천년을 일컫는 '밀레니엄'이란 생소한 말만을 자주 들어야 했다. 사회가 발산하는 상기된 기대감은 불길함을 잠재우기 위한 것처럼 보였다.

대도시 서울의 전역에 펼쳐질 뉴타운 사업은 새천년이 오기 전부터 일어날 조짐을 보였다. 이후 아파트를 투기의 대상으로 보는 풍조가 생겨났고 너 나 할 것 없이 그 기류에 편승할 틈을 노리게 되었다. 1961년에 건축된 단지형 마포아파트를 기점으로 아파트 시대가 막을 열었다. 그런데 아파트가 일반적인 주택으로 자리 잡게 되면서 주거 이상의 의미를 지니기 시작했다. 아파트는 곧 재산을 의미하게 되었고, 그 가치의 상승은 금전적인 이익을 가져다주었다. 이러한 도시 주택의 수요와 경제적, 정치적 요인들이 여전히 맞물려 뉴타운 사업은 수정이 불가피한 실정이다.

이 사진 작업을 할 때에도 이미 대규모의 재개발이 있었다. 봉천동, 길음동은 공사가 진행되고 있었고 신당동 일부와 하월곡동은 재개발을

앞두고 빈집이 늘어나고 있었다. 사업 지구 지정 후 일정 수준의 동의를 얻기 위한 기간에, 동네 곳곳에는 재개발을 찬성하는 쪽과 반대하는 쪽의 주장이 현수막으로 나부꼈다. 그곳 주민은 어느 쪽이든 한편에 속할 수밖에 없다. 어느 쪽에 서서 목소리를 높이든 내 삶의 근거이자 한때 삶의 거소를 중심으로 벌어지는 소란은 결코 유쾌할 수 없다. 삶의 거소를 온전히 유지하고 보존하는 사회는 개인의 삶 또한 소중히 여기고 존중하는 사회다. 찬반으로 나뉘어 존재하는 각자의 주장을 내려놓고 그 삶의 조각들을 바라보았다.

연탄

짭조름하고 살얼음이 동동 뜬 동치미 국물은 겨울에 먹어야 제맛이다. 아마도 80년대 이후에 태어난 이들은 이 맛의 각별함을 실감할 수 없을 것이다. 19공탄이라 부르는 연탄과 얽힌 사연이 없을 테니 말이다. 잠에서 깨어 머리가 천근만근 무겁게 느껴지고 가슴이 벌렁거릴 때는 영락없이 연탄가스를 마신 것이었다. 그럴 때 할 수 있는 것이라곤 그저 동치미 국물을 마시는 것뿐이었다. 무엇이 문제인지 가끔 찾아오는 가스중독은 아까운 사람을 황천으로 보내기도 했다.

그럼에도 연탄은 난방과 취사를 하나로 해결해주는 서민들의 필수품이었다. 연탄은 비록 시커먼 색깔에 잘생기지는 않았지만 우리네 삶을 닮아 친근하다. 벌겋게 달아오른 연탄에는 인생의 팍팍한 가슴을 녹이는 훗훗함이 있는 것이다. 리어카에 연탄을 가득 싣고 오가며 집집마다 연탄을 배달하던 아저씨는 늘 까무잡잡한 모습이었다. 옷은 물론 얼굴까지

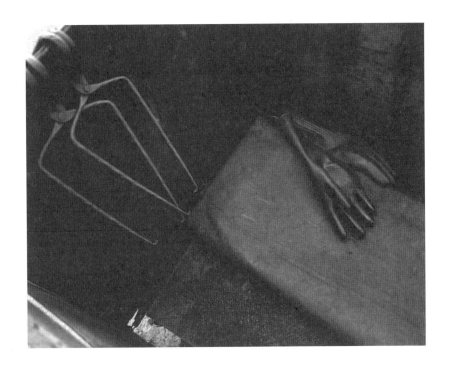

도 연탄 칠을 한 아저씨와 아주머니는 늘 안쓰러워 보였다. 삶과 노동의 경건함이 자연스럽게 동거한 모습이다. 아직도 연탄을 보면 그 매캐한 냄새가 코끝에 전해진다. 실존의 무게가 느껴지는 냄새다.

어떤 현실

도시는 삶을 바쁘게 재촉한다. 숱한 사람들이 모여 새벽부터 밤까지 저마다의 일터를 찾아 분주하다. 70년대 초반 내가 중학생이었을 때 큰형

님이 평화시장에서 일을 하셨다. 출가한 사촌 누이는 그곳에서 조그만 옷가게를 열어 청바지를 만들어 팔았다. 방학을 맞아 형님이 일하던 봉제 공장에 몇 번 간 적이 있었다. 촌뜨기의 서울 나들이에 불과했지만 거기서 실밥 따는 일을 거들곤 했다. 밤 열한 시경이면 모두 퇴근을 서둘렀다. 화장실로 달려가 급하게 얼굴을 씻고 막차를 놓치지 않으려 버스정류장을 향해 뛰던 일이 떠오른다. 지금은 사라진 통금이 있던 시절의 그 쫓기던 분위기, 그 분위기가 묘한 여운으로 다가온다.

프랑스의 철학자 가스통 바슐라르(Gaston Bachelard, 1884~1962)는 "추억이 아름다워 보이는 것은 상상력이 추억 즉 과거의 이미지를 그것이 지향하는 바, 원형으로 변화시켜나가기 때문이다"라고 했다. 그러나 그것이 단지 추억일 수만 없는 것은 개인의 차원을 넘어 사회적인 관련성을 가지고 집단의 기억 속에서 자리를 잡기 때문일 것이다.

밤새 달려온 트럭은 새벽 시장에서 하차를 위해 대기 중일 것이며, 일을 마친 사람들은 이미 집으로 돌아간 시간이다. 간밤에 어지럽혀진 도시의 가로와 구석진 곳들은 환경미화원들께서 밤새워 청소를 해놓았다. 도시가 텅 빈 모습으로 교대자를 기다린다. 그러나 그런 시간에도 움직임은 일어나며, 그런 미세한 균열은 도시를 살아 있게 한다. 아무도 오지 않을 것 같은 순간에도 자신의 살아 있음을 증명하려는 듯 누군가는 일을 한다. 규제 속에서도 자발적인 활동은 끊임없이 생성되며 공식적인 활동을 지원한다. 어느 것이 우위에 있고 없고는 관점에 따라서 다를 수 있다. 서로 상보적이기에 이런 비공식적인 시민들의 활동은 도시 생활을 풍성하게 한다. 도시에는 꿈과 희망이 있어도 늘 채워지지 않는 그 무엇이 있다.

난곡

그때 어둡고 퀴퀴한 냄새가 나던 그곳을 왜 그리 좋아했을까. 대개 동네마다 어린이들이 놀던 곳은 후미진 곳이었다. 바슐라르는 "다락이 없는 집에서는 신성함이 결여되고, 지하실이 없는 집은 거주의 원형에서 제외된 집이다"라고 했다. 물론 그 요건에 딱 맞아떨어지지 않는다 해서 기억할 것이 없는 건 아니다. 주변의 사소한 것에 얽힌 사연들, 그 사연들이 은신처를 삼는 집들이 모여 마을을 이룬다. 이제 이곳은 그 자체로도 수많은 기억들을 간직한 기억의 창고가 된다.

아이들은 좁은 골목길이나 어둡고 후미진 곳을 좋아한다. 억압된 일상에서 잠시라도 벗어나고 싶은 것이 아닐까. 비행을 저지르는 곳이라며 제거의 대상으로만 볼 것이 아니다. 자기 존재의 사유와 상상력을 키우기에 알맞은 장소가 될 수도 있는 것이다. 아이들이 겪는 유년 시절의 경험들은 점차 시간이 흐르며 기억의 원형으로 자리 잡을 것이다.

상상력이 어디로부터 오는지 확실하지는 않지만 대부분 유년의 기억으로부터 시작하는 것이라면 그것은 대낮같이 밝은 곳보다 어둡고 후미진 곳에 더욱 어울릴 것 같다. 비록 도시의 성장과 변화가 아이들의 놀이터를 변화시킬지라도 저들은 무의식적으로 어둡고 후미진 곳을 그리워할 것이다. 그곳은 집의 원형이며, 생명이 잉태된 원초적 동굴이다.

1960년대 철거민 집단 이주 정착 단지로 형성된 난곡蘭谷은 2002년 도시 주거지 재개발로 사라진 도시 마을이다. 이곳은 위치상 서울의 신림7동을 이르며, 처음에는 '낙골落骨'이라고 불렸다. 집들이 따개비처럼 다닥다닥 붙은 채 커다란 쟁반같이 산기슭에 펼쳐져 있었다. 남루했지만 제법 격식을 갖춘 개량식 기와를 얹은 집들은 서로에게 필요한 적당한 거리를

유지하고 있었다.

자신의 의지와 상관없이 삶의 거소를 옮겨야 하는 것은 참으로 슬픈 일이다. 예전에 살던 사람들은 아파트 단지로 바뀌어버린 지금 이곳에 얼마나 재정착했을까? 사진은 도시의 세 켜를 잘 보여준다. 멀리 보라매공원 옆의 고층 빌딩이 보이는 곳이 도심의 업무 지구, 그 아래 능선 사이로

살짝 보이는 곳이 일반적인 다세대 주택지 그리고 앞쪽이 난곡 동네이다.
여기 있던 어린이 공부방의 바깥벽에는 '낙골'이라는 글씨가 커다랗게 페
인트로 쓰여 있었다.

광주도심철도폐선부지

이곳은 수많은 기억들이 자리하고 있는 아니 아직은 그 기억들이 다 떠나지 못하고 머물러 있는 장소였다. 얼마나 많은 사람들의 기억 속에 함께했던 기차길인가. 플랫폼만 남아 있던 남광주역에는 매일 새벽장이 섰다. 수산물 시장이 기차역에 붙어 있으니 여기를 찾는 사람들과 상인들이 어울려 이곳의 새벽을 채운다. 이를 놓칠 리 없는 아낙들이 때맞춰 역의 플랫폼에 보따리를 펼쳐놓는다. 이처럼 도심의 한곳에 자발적으로 시장이 들어선다는 것은 그만큼 도시가 유기적인 활동으로 충만하다는 것을 보여준다. 그러나 아침 여덟 시 반이 되자 누군가가 사람들을 한순간에 쫓아내버렸다. 왜 그런지 짐작할 수는 있었다.

당시 2002년 광주비엔날레의 〈Project 4-접속〉의 전시가 남광주역의 플랫폼 위에 설치된 비닐하우스에서 열리고 있었다. 이 전시를 관람하러 오는 사람들의 편의를 위해 시간에 맞춰 주변을 정리했던 것이다. 접속은 회복이며, 희망이다. 전시 기간 동안만이라도 오히려 시끌벅적 채소며 해물을 팔 수 있으면 그것이 진정한 접속이며 잔치이다. 공공의 전시는 굳이 말끔할 필요가 없다. 사람들로 북적일수록 좋지 않은가.

폐선 구간의 나머지 공간은 주변 이웃이 점유해 다양한 식물을 기르고 있다. 고구마, 고추, 깨, 상추, 메밀, 호박, 토란 등 다양한 식생이 보인다. 자연은 사람의 손길이 뜸할 즈음 자신의 발걸음을 재촉한다. 기차가 멈추고 레일이 걷힌 순간부터 이웃들은 폐선 부지의 일부를 저마다의 텃밭으로 가꾸기 시작했다. 자연스럽다. 그런 점에서 이 장소는 스스로 무엇이 되고자 하는 최소한의 단초를 보여주었다. 과거의 기억과 현재의 필요가 자연스레 어울린다. 나아가 미래의 어느 순간 그 같은 배려가 고

마운 마음으로 전해질 수 있을 때 오늘의 접속은 유효하다. 어떤 장소든 그 쓰임은 사용자들의 관성과 욕구의 수용에서부터 시작해야 한다. 이 장소는 우리에게 한 가지 과제를 던져준다. 광려선의 일부인 효천역에서 광주역까지의 10.8km가 시효 만료된 선적 공간으로서 우리 앞에 놓이 게 된 것이다. 그중 7.9km가 도시계획시설 결정에 따라 도시 공원으로 조성되었다고 하니 유효한 접속의 시작이라고 볼 수도 있지 않을까. 주위를 둘러보면 새로운 지혜를 모아야 할 시험의 장소들이 많이 있다. 사람들의 삶이 살아 움직이는 역동적인 장소로 가꿔 나아가야 할 것이다.

The Site

방조제 공사가 한창 진행 중인 화옹지구의 모습이다. 사진만 놓고 보면 도저히 생물들이 살았던 공간이라고 믿어지지 않을 것이다. 한국의 여느 해안선 근처가 그렇듯이 이곳의 입구도 군인들의 출입 통제가 행해진다. 하늘에서는 군사 훈련의 비행 소음과 사격 소음이 뒤섞여 불안과 긴장을 유발한다. 매일 반복되는 풍경이다. 방조제 밖에 있는 매향리 농섬은 단지 군사적 표적으로만 기능할 뿐이고, 안쪽에서는 간척 사업이 진행되고 있다. 한 지역에서 상징적 의미의 파괴와 건설이 일어나고 있다.

건축은 인간의 삶과 밀접한 연관을 맺는 시대의 거울이다. 그렇기에 사회와 정신을 반영한다. 구축을 위한 제반 건축적 행위는 그것의 바탕인 땅을 필요로 한다. 그러나 자연의 토대 위에 세우는 인간의 필요는 자칫 자신의 이익만을 우선하기도 한다. 대지는 건축에 점유되어, 건축의 요구를 수용할 뿐이다. 특히 인구밀도가 높은 도시의 경우에 그 정도가 심하다. 건축 기술의 발전이 가져온 인류의 자신감은 자연 환경을 일시에 바꿀 수 있을 정도의 가공할 힘을 지니고 있다. 도시든 아니든 이런 양상이 연속되고 있는 것이 우리의 현실이다.

간조 때 넘실대던 바닷물은 수많은 생물들을 길러냈으며, 그들은 내륙의 혼탁한 유입수가 정화되는 일을 거들었다. 그리고 인근의 어부들은 그것들을 잡아서 생계를 꾸려나갔다. 해체와 구축, 파괴와 건설이 함께

일어나고 있다. 생명을 앗아가는 구축이며 건설이다. 현장을 둘러싼 함축적 사실들과 주변 모두의 분위기를 드러내고자 했다.

극장

부산 범일동의 삼성극장이다. 두꺼운 각목으로 만든 이동식 통로는 사람들이 한 줄로 들어설 수 있도록 고안된 것이다. 대개 극장이나 서커스의 매표소 앞은 으레 그 목재 통로가 놓여 있었다. 시간에 맞춰 일시에 몰려드는 사람들을 가지런히 정렬하는 데 그만이기 때문이다. 가끔 붐비는 사람들로 그조차 제구실을 못한다 싶으면 누군가 소리를 지르거나 장대를 휘둘러 아이들의 머리를 톡톡 건드리곤 했다. 지방 소도시의 풍경에 그칠지 모르겠으나 딱히 누릴 것이 변변치 않던 시절의 풍경이다.

어렵사리 안으로 들어가 자리를 잡고 앉으면 눈앞에 펼쳐지는 일들에 온통 정신이 팔렸다. 주물로 빚은 의자며 철제 파이프로 두른 가드, 난간의 손잡이 등은 아이의 마음을 사로잡기에 충분했다. 왜 그런지 모르겠으나 그 당시에 본 영화보다 건물에 얽힌 기억이 지금까지 선명하다.

어느 날 스카라극장이 헐렸다는 소식을 듣고 놀라지 않을 수 없었다. 보호 지정을 앞두고 벌어진 갑작스런 철거였다. 나중에 확인해보니 사유재산권 행사에 제한을 받을 것을 우려한 결정이었다고 한다. 비록 61년부터 흑백텔레비전이 보급되긴 했지만, 단관극장은 60~70년대 최전성기를 보냈다. 그러다 텔레비전이 점차 보편화됨에 따라 그 명맥을 유지하기 어렵게 되었다. 시대의 변화에 따라가기 위해 최소 비용으로 출입부와 내부를 고치고, 보다 형편이 나은 극장은 복합상영관으로 변신하기 시작했다.

이들은 하나둘씩 예전의 모습을 잃어가고 있었다.

2003년 극장 사진 작업을 위해 전국을 다녔던 적이 있다. 영화 연감을 옆에 끼고서 전화로 극장 건물의 상태를 물은 후 온전하다 싶으면 달려가는 식이었다. 거의 전국을 돌며 건물 전면의 보존 상태가 온전하게 유지된 극장의 사진을 찍었다. 모두 열 곳 정도밖에 안 되었다. 이 글을 쓰며 확인하니 부산의 삼일극장과 삼성극장, 서산극장, 경산극장, 제천 중앙극장, 서울의 스카라극장 등이 헐렸다. 포항 아카데미극장은 카바레로 바뀌었고, 원주 문화극장은 폐업 후 시설을 매각할 방침이지만 구입자가 나타

나지 않고 있는 실정이다.

　사진으로만 남을 한때의 극장은 이제 다섯 손가락으로 꼽기에도 허망하게 되었다. 단순히 시간의 흐름에 의한 소멸이 아니다. 보이지 않는 추동력이 시간성을 소멸시키는 것이다. 화해와 공존을 통해서 더욱 나은 가치를 얻을 수 있도록 천천히 가야 한다.

아파트

그가 태어난 곳은 일제 때 지은 적산敵産 집이었다. 가로에 면하여 있는 기다란 상가 건물로, 삼등분으로 나누어 점포를 낸 장옥長屋이라 할 수 있다. 그중 하나는 그가 태어난 곳이고, 다른 하나는 그가 자란 곳이다. 그러다 아버지의 사업이 내리막을 걸으며 한 번은 변두리로, 그 후에는 고향을 떠나 서울로 올라왔다. 비록 셋집이긴 했지만 천연동의 금화아파트에 아홉 식구가 자리를 잡을 수 있었다. 지은 지 5년밖에 지나지 않은 금화아파트는 당시에도 낡은 모습이었다. 그의 큰이모가 서대문 영천시장에서 상인들에게 수돗물과 연탄불을 지펴 팔고 있었으니, 연고를 찾아 그의 부친이 자리를 잡은 것이다. 그해가 74년이었다.

　금화아파트는 연탄 구들로 난방을 하는 식이었는데, 레일이 달린 연탄 구덕에 두 장짜리 연탄불을 지펴 집게로 들이미는 방식이었다. 현관에 들어서면 작은 툇마루가 있는 절충식 아파트였다. 화장실은 밖의 복도 한 곳에 모여 있어, 각 주호의 번호가 쓰인 패찰을 훈장처럼 가지런히 달고 있었다. 겨울철엔 뜨거운 물이 안 나오니 물을 데워 세수를 했다. 거기서 두 해를 지내고 다른 곳으로 이사를 했고, 무리해서 5층짜리 민

간 아파트를 장만할 때까지 십여 차례 이사를 다녔다. 트럭이나 리어카, 또는 아는 사람들의 손을 빌려 일일이 짐을 옮겨 싣고 나르고 했다.

이렇게 사람들은 저마다 집과 고향에 얽힌 이야기를 지니고 있다. "집이란 인간의 사고, 생각, 기억, 꿈 등을 한곳에 집중하게 하는, 삶에 대한 크고 강력한 힘의 원천을 의미하는 장소다." 바슐라르의 말이다. 인간은 자신이 성장한 집에서 수많은 기억을 생성하여 삶의 본질을 구성한다는 것이다. 삶의 거소를 경제적인 가치로만 보는 요즘 사회에 다시 한번 생각해보아야 할 문제다.

오월동주

언제부터인지 도시 변두리에 별스런 건물들이 자리 잡기 시작했다. 이 건물들은 도시적 맥락과는 전혀 어울리지 않는 모양으로 이상한 분위기를 연출했다. 굳이 주변을 닮기보다는 오히려 튀어야만 한다는 듯이 과장된 몸짓과 표정으로 당당히 서 있다. 비행기나 기차는 그나마 얌전하다. 아예 건물이 궁전, 배, 유럽의 성채 등을 표방하는 것을 보면 상징성을 이용한 상업 논리의 극한을 보는 것 같다. 도시가 급격히 팽창하며 도시 외곽에 두서없는 건물들이 들어서는 것이다. 시각적 광고 효과의 극대화를 노린 충격 요법이다.

우리보다 부유했던 미국과 지금 한국에서 일어나는 현상들은 시간의 차이만 있을 뿐 비슷한 양상을 보인다. 로버트 벤투리(Robert Charles Venturi Jr., 1925~)는 『라스베가스의 교훈』에서 근대건축의 잃어버린 상징성에 대해 말한다. "비록 혼돈스럽고 야단스럽기는 하지만 우리의 메인 스트리트도 괜찮지 않은가." 이는 우리 도시가 직면한 상황과 크게 다르지 않다. 서구 건축의 역사가 유입된 지 얼마 되지 않은 한국에서 나타나는 이런 현상은 성급한 상업적 욕망만이 증폭된 결과다. 지가의 상승과 그에 따른 도시의 급격한 팽창은 통근 거리를 길어지게 한다. 이에 맞물려 자동차 이용은 상대적으로 증가하게 되고, 시각적 광고는 더욱 절실해진다. 어울리지 않는 모습으로 난데없이 생긴 건축은 충격의 크기에 비례해서 효과를 거둔다.

건축은 그 기의와 기표가 문화적 맥락을 따르는 상징성을 가져야 한다. 그러나 지난 시기의 근대건축은 지배 이데올로기에 대한 도전, 공간과 기술의 효율성에 대한 집착으로 상징성을 무시했다. 순수주의를 표방하며 단순화를 추구하고, 영웅주의적인 면만을 강조했기 때문이다. 한편으로 대중과 교감하는 서민적 건축을 시도하며 사회 개선을 위해 힘쓰는 듯이 보였으나 취향을 형성하는 대다수 일반인들에게 호응을 얻지 못하는 결과를 낳았다.

　어느 것이 우월하고 또 어느 것이 저열한지를 평가하는 것은 중요하지 않다. 건축의 욕망은 어디서, 무엇에서부터 비롯되는가. 자본의 장소 마케팅에 편승하여 엄청난 규모의 건축이 자고 나면 세워진다. 점포마다

브랜드와 물건이 넘치고 도시인의 삶은 나날이 힘겨워진다. 자본의 주변부로 몰락해가는 사람들은 도시의 빈민들이다. 도시 근교에서 볼 수 있는 상징적 건물과 근현대건축의 콜라주는 이런 역설적 상황을 드러낸다.

철암천변

2003년의 어느 날이었다. 오랜만에 지인 둘과 점심을 같이 하던 자리였다. 그곳에서 제안을 하나 받는데, 철암에서 하는 도시 건축 작업을 함께 해보자는 것이었다. 이는 지역사회의 회생을 위한 공동 작업이었고, 여기에 사진으로 참여해보면 어떻겠냐는 요지였다. 향후 그 결과물은 여러 방편으로 지역과 공동 작업의 홍보를 위해서 전시될 수 있다는 말도 했다. 이야기를 들어보니 지역발전을 위해서도 의미 있는 일이라 생각됐다. 그런데 쉽게 동참을 결정하기에는 평소의 사진 작업 방식과는 다르다는 점이 마음에 걸렸다. 혼자 조용히 작업하는 평소의 방식으로 진행할 수 있을 것 같지 않았다. 그리고 사진이 어떤 수단으로 작용할 수 있다는 점 또한 마음에 걸렸다. 그러나 그건 핑계일 뿐, 차마 말할 수 없는 다른 속사정이 하나 있었다. 제안을 한 J형은 평소에 남다른 건축적 태도로 그 혜안이 뛰어난 이였다. 그런 그의 제안을 박절하게 거절한 것이 이후에도 마음의 빚으로 계속 남았다.

몇 해가 흘러 2006년, 철암 근처에 방문하게 되었다. 그 무렵 인근에 지을 태백고생대자연사박물관 현상 공모가 나왔고 현장 사이트 사진을 찍기 위해 태백시 동점동을 가게 된 것이다. 그곳은 철암동에서 출발해 구문소 터널을 빠져나와 오른편 계곡 옆에 위치해 있다. 자동차로 불과 십여 분밖에 걸리지 않는 거리였다. 90년대 중반 사북, 고한, 나한정 역의 스위치백switchback* 열차 선로 등의 촬영을 위해 근처를 다닌 적이 있었다. 하얗게 내린 눈으로 도로가 얼어붙은 어느 날, 낡은 자동차로 함백산을 넘어갔다 돌아오던 길에 1000m 아래로 구를 뻔했던 일도 있었지만 그때도 철암을 직접 볼 일은 없었다.

시간을 역산했다. 아침에 현장에서 사이트 사진을 찍기 전 철암에 들러서 오면 된다. 출발 전 8×10 뷰카메라를 준비하며 홀더에 필름 대신 인화지를 장전했다. 일종의 캘러타이프calotype**로 네거티브negative*** 대신 포지티브positive**** 인화지를 사용했다. 11월 늦가을에는 해가 늦게 뜨지만 미리 도착해 기다리기 위해 일찍 길을 나섰다. 준비를 마치고 좀 쉬었다가 밤 열두 시에 집을 나섰다. 새벽 다섯 시 삼십 분, 철암에 도착했을 때 밖은 앞이 안 보일 정도로 캄캄했다. 날이 밝기를 기다리며 차에서 잠시 눈을 붙였지만 잠이 들지 않았다.

그렇게 시간이 얼마나 지났을까 눈꺼풀이 환해지는 느낌이 들어 밖을

---

* 가파른 고개의 비탈에 정거장을 두기 위한 목적으로 '갈지(之)자' 형으로 설계한 선로를 말한다.

** 요오드화은을 감광제로 이용한 사진술을 말한다. 1841년 탤벗(William Henry Fox Talbot, 1800~1877)이 발명하였다.

*** 촬영 후 피사체의 상을 현상했을 때 그 상의 농담이나 좌우가 본래의 피사체와 반대의 형태로 나타나는 것을 말한다. 음화(陰畫)라고도 한다.

**** 촬영 후 피사체의 상을 현상했을 때 그 상의 농담이나 좌우가 본래의 피사체와 같은 형태로 나타난 것을 말한다. 양화(陽畫)라고도 한다.

보니 미명이 밝아온다. 몸을 좌석에서 일으켜 밖을 살폈다. 뭔가 이상하다. 한 치 앞도 안 보이게 짙은 안개가 끼어 있었다. 철암동은 양쪽에 높은 산을 끼고 개천을 따라 자리를 잡고 있는데, 그 지형 때문인 듯하다. 멀리서 밤새껏 달려왔건만 날씨가 도와주지 않는다는 생각이 들었다. 다시 차 안으로 들어가 혹시나 하는 심정으로 그저 날이 개기를 기다리는 수밖에 없었다.

촬영을 다니다보면 가끔씩 뜻밖의 일들이 일어나곤 한다. 주위는 이미 훤하게 밝았어도 마치 우윳빛같이 진한 안개가 온통 껴서 아무것도 할 수 없었다. 그 때문에 주위가 밝았어도 해는 아직 동편의 산에 가려서 보이지 않았다. 그런데 차츰 올라오던 해가 산등선에서 모습을 보이는 순간 그토록 진하던 안개가 거짓말처럼 빠르게 걷히기 시작하는 것이 아닌가. 얼른 자동차의 트렁크를 열고 장화를 챙겨 신었다. 삼각대에 얹은 뷰카메라를 어깨에 걸치고 아래의 철암천으로 달려 내려갔다. 안개가 걷히며 주변이 보이기 시작하자마자 몇 장의 사진을 찍었다.

불과 삼십 분도 지나지 않아 그토록 진하던 안개는 마치 언제 그랬느냐는 듯이 모두 사라졌다. 이윽고 주위는 본래의 청명한 아침 빛으로 충만해 있었다. 촬영을 마친 후 개천에 서서 천변마을을 천천히 바라보니 시간은 어느덧 여덟 시 삼십 분에 접어들고 있었다. 천변가로에 면한 좁은 대지에 지어진 집들, 그곳에는 철암 주민들의 신산했던 삶이 있었다. 그 모진 세월의 편린과 구축의 원초적 갈망이 눈에 아른거렸다.

Cityscape trust-교남, 신월, 철산

종로구 송월동은 송정동과 월암동의 이름을 따서 붙여졌다. 서울 성곽에 붙어 형성된 도시 주거의 전형이다. 일제강점기 당시, 도시의 하층민들이 성곽의 바깥 언덕에 붙어 생계를 유지하기 위해 살았던 곳이다. 근대도시 경성은 공업화가 이루어지지 않아 생산보다는 소비가 주로 이루어졌다. 이때 슬럼가가 가장 먼저 형성된 곳이 서대문 밖의 송월동 일대였다. 이에 일본은 토막민의 주거를 철거함으로써 이들을 외곽으로 쫓아내려고 했지만 실패로 끝나고 말았다. 토막민에 대한 대책은 일제강점기 내내 시정의 주요 현안이었다.

사진에서 보이는 집들은 나중에 지은 것들이겠지만 아무런 제약을 받지 않은 채 서로의 필요와 사정을 따랐을 것으로 짐작된다. 이렇게 보면 아마도 송월동뿐 아니라 다른 곳의 성곽 바깥도 비슷한 상황이었을 것이다. 도시 주거는 도시의 확장을 따라 그 모습이 변한다. 예컨대 창신동, 삼선동, 성북동, 신당동, 약수동, 행촌동, 부암동 등의 일부는 지형적으로 볼 때 송월동과 유사한 변화 양상을 거쳤으리라 점쳐볼 수 있다. 소위 달동네라 불리며, 낙후한 주거지의 면모를 아직 간직한 곳도 여기에 포함된다. 물론 지금의 서울은 성안과 밖으로 나누어 생각할 수 없다. 이미 그 구분이 소용없을 정도로 서울은 비대해졌고 주거지의 낙후함은 도시 전체에 걸쳐 스며들었다.

송월동은 공원을 조성하기 위해 그나마 남아 있던 오래된 주거 일부를 철거했다. 물론 거기서 발견된 서울 성곽의 유구와 흔적은 역사적, 고고학적 발굴의 성과 중 하나이다. 그러나 문화인류학적 측면에서 보면 실증 자료를 잃은 것과 같다. 과거에 매달려 미래를 포기할 순 없다. 하지만 놓치지

말아야 할 것은 과거를 충실히 기록하고, 이를 잘 보존해야 한다는 점이다. 도시 경관 보존 작업은 급변하는 근현대도시 경관을 탐구하고 기록하여 공동의 유산으로 남기는 방향으로 이루어져야 한다.

화성

조선시대 후기의 시대상을 반영하는 성곽이다. 자결을 명했던 영조(英祖, 1694~1776)에게 살려달라 애원했던 사도세자(思悼世子, 1735~1762) 그리고 뒤주 속에 갇혀 목숨이 꺼져가는 그의 모습을 생생히 지켜보았던 아들이 있었다. 붕당 간의 당쟁에서 자유로울 수 없었던 조정에 미친 힘의 불균형이 낳은 비극이다. 그 아들은 훗날 정조(正祖, 1752~1800)가 되어 1789년 배봉산(동대문구 전농동)에 있던 사도세자의 능을 화산(화성시 안녕동)으로 옮기고, 팔달산 동측으로 수원의 읍치를 이전하였다.

정조는 충직한 신하와, 군사력 그리고 이 모든 것을 뒷받침할 경제력을 갖추기 위해서 새로운 도시를 건설한다. 왕권 강화를 위해서는 새로운 정치 공간이 절실했기 때문이다. 명을 받든 채제공(蔡濟恭, 1720~1799)은 정약용(丁若鏞, 1762~1836)이 화성 성역을 잘 수행할 수 있도록 도왔으며, 그 결과 1794년 1월 착공하여 1796년 9월, 2년 반 만에 축성을 완성한다. 이는 지금의 기술과 장비로도 어려운 기간이다.

그 당시 미국에서는 독립전쟁이, 영국에서는 산업혁명이 일어났다. 세계적으로 격동의 시기였던 그때 조선의 군주였던 정조는 여러 가지 개혁 정치를 통해서 나라의 변화를 꾀하고자 했다. 그러나 정약용을 비롯한 북학론자들은 꽃을 피우려는 순간 쓰러지고 말았다. 그들 역시 정치적으로 희생되고 만 것이다. 역사는 그런 것인가. 이후부터 겪게 되는 조선의 운명과 이 땅의 우환은 또다시 바람 앞의 등불이 되었다.

수원 화성에는 왕권을 강화하려 했던 정조의 꿈과 아버지를 그리워하던 아들의 서글픈 마음이 담겨 있다. 정조의 화성은 뛰어난 건축적 유산과 더불어 우리에게 탕평과 통합이라는 시대적 과제를 시사하고 있다.

서울 주거 변화 100년

인천의 개항은 서울의 변화에 직접적인 영향을 끼쳤다. 대원군의 강력한 쇄국정책이 무너진 후 문호가 개방되었고, 철도 경인선(노량진~제물포, 1899)의 부설과 경부선(서울~부산 초량, 1905), 경의선(용산~신의주, 1906)의 개통으로 서울은 잠에서 깨어났다. 이는 정치적, 군사적, 경제적, 사회적 공간의 변화를 몰고 왔다. 근대화 초기의 공간적 변화는 개항과 함께 조계지에서 나타났고, 외부인들의 확산을 따라 밖으로 점차 전이되고 있었다. 1920~1930년대 경성은 이런 변화에 자조적 분위기를 띠며 자못 퇴폐적이기까지 하였다. 그러다 맞은 해방의 기쁨도 잠시였다. 바삐 돌아가던 정국은 급기야 한국전쟁의 수렁 속으로 미끄러지고 말았다. 그렇게 민족의 비극적인 전쟁은 휴전이라는 미명 아래 중지되었고 도시는 폐허의 모습 그 자체였다. 그러나 시민들은 참화를 딛고, 힘을 모아 부서진 건물과 도시를 정비했다. 그 후 1960~1980년대에 많은 지방민들이 기회를 찾아 대도시 서울로 이동하게 되었다.

수도 서울은 산업화의 체제를 제대로 갖추지 못했기에 몰려드는 사람들을 수용할 수 있는 시설이 턱없이 부족했다. 무엇보다 주택난이 절실한 과제였기에 이를 타개하기 위해 상당히 빠른 속도로 주택을 공급했다. 그만큼 졸속 행정으로 진행되었다는 이야기다. 1970년의 와우아파트 붕괴 사고와 1971년의 광주대단지 사건은 졸속 행정이 초래하는 결과를 여실히 보여준다. 이후에도 주택 공급은 방식만이 바뀌었을 뿐 근본적인 변화는 없다. 관청이 주도하던 방식에서 민간이 단지형 아파트 공급을 할 수 있도록 정책이 바뀐 것이다. 민간 주도의 난개발과 1997년에 맞은 국가 부도 위기, 신자유주의의 대두가 가리키고 있는 원인은 장기적인 정책의 부재이다. 좀 더 확대해보면 거기에는 한국의 주택 정책이 낳은 아파트가 자리를 잡고 있다. 열강의 각축 속에서 식민통치와 전쟁을 겪고 일어선 국가적 특이성이 엄연히 존재하기에 다른 나라들과 동등하게 놓고 비교할 수는 없다. 그러나 한 가지 분명한 사실은 '삶의 본질이며 기억의 영혼'이라 일컫는 주거의 소중함을 간과해왔다는 것이다. 우리는 지금까지 집의 소중함을 알지 못한 채, 재화를 축적하기 위한 수단으로만 여겼다.

시간은 새것을 낡게 한다. 그리고 그 시간 속에서 우리의 집들도 점점 낡게 마련이다. 낡았다고 버릴 필요는 없다. 고쳐서 쓸 수 있다면 고

치자. 대신 오랜 시간을 두고 꼼꼼하게 고쳐야 한다. 민간 주도 개발 방식은 도시 기반 시설에 대한 충분한 고려 없이 이루어진 난개발이다. 이를 개선한다는 뉴타운정책 또한 기성 시가지의 재개발일 뿐이다. 과도한 정책은 그 속에 다른 욕망을 숨기게 마련이고 뒤따르는 폐단은 너무 큰 대가를 치러야 한다. 늦더라도 시행착오를 거울로 삼아 오류를 줄여나가야 한다.

Mute 2-봉인된 시간

서울은 안팎으로 산과 함께 있어 도심에서도 지형의 높고 낮음을 느낄 수 있다. 조선의 개국과 함께 자리 잡은 서울은 성곽을 중심으로 번성하게 되었고 수도로서의 기능을 지금까지 잘 수행하고 있다. 서울은 나라의 번성과 궤를 같이하며 온갖 풍상과 변혁의 용광로로서 역사성을 지니게 되었다. 열강의 각축과 정쟁의 중심지이자 산업 시대의 진입을 위한 터전이었던 서울은 한강을 품어 생명의 젖줄을 대고 그 자락에 수많은 생명들을 길러냈다.

　서울을 도읍으로 택한 무학대사(無學, 1327~1405)의 혜안은 대도시의 입지적 측면에서 지금도 유효하다. 조선시대에 임진왜란과 병자호란을 겪으며 인구가 급감했던 때도 있었지만 개국 초 십여 만 명의 인구가 구한말에는 수십만 명이 되었고, 이제 서울은 천만이 넘는 인구가 살아가는 대도시가 되었다. 바삐 돌아가던 구한말의 정치적 상황 아래 열강들의 계속된 개항 요구에도 응하지 않다가 맺게 된 일본과의 강화도조약은 조선의 쇄국정책을 거두게 했다. 이에 1876년 부산을 시작으로 1880년에는 원산, 1883년에는 인천을 개항하며 수도 서울은 커다란 변화를 맞이했다.

서울에 유입되는 인구의 증가는 도시의 확장을 촉진했으며 그 틈새의 공간들에 도시민의 지친 몸을 누였다. 도심은 배후에 주거지를 형성해 중심의 상업 지구를 지원하고, 시간이 흐름에 따라 점점 다핵화를 이루며 대도시로 성장한다. 그리고 또다시 주변에 주거지들을 거느린다. 어느 도시에서든 쾌적한 환경과 출퇴근 시간의 단축을 위해서는 더 많은 주거 비용을 감수해야 한다. 이때 재래의 낡은 주거지는 주거 비용을 절약하기 위한 하나의 대안이다. 그러나 그보다 중요한 주거지의 요건은 이웃과의 소통 여부다. 현대인의 삶이 파편화되고 있기에 이웃과 소통하려는 욕구와 필요는 더욱 절실해진다.

시간의 흐름에 따라서 쇠락하는 기존의 도시 주거지에는 삶의 정황이 숨겨져 있다. 그곳에는 인간의 주거에 대한 원초적 갈망이 곳곳에 스며 있어, 말을 걸어오는 사람들에게 사람 사는 이야기를 들려주고자 한다. 그 잔잔한 이야기에서 비롯한 주민들의 자연스런 욕구와 갈망을 외면하는 것은 매몰찬 일이 될 수 있다. 그곳에서 맡을 수 있는 강하고 진한 내음은 우릴 또 다른 곳으로 인도한다.

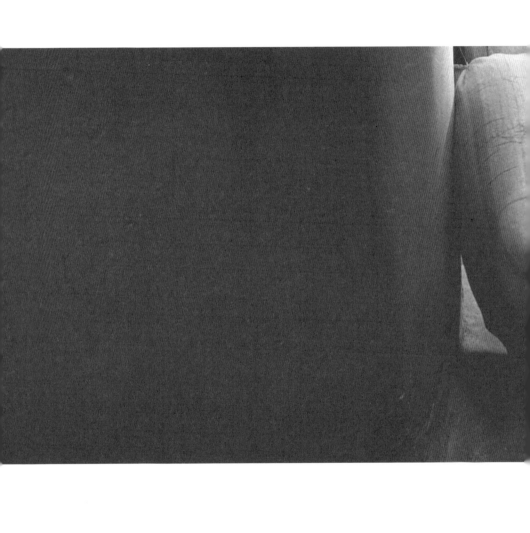

Stage

건축,
사진 이야기

건축,
사진 이야기

건축은 제4의 예술로 불려진다. 이탈리아 태생의 프랑스 영화 비평가인 리치오토 카누도(Ricciotto Canudo, 1879~1923)의 '제7 예술선언'에 따르면 말이다. 비유컨대 인류를 부모로 하여 건축은 일곱 형제 중 네 번째라는 뜻이다. 그리고 영화는 기존 예술을 통합하는 종합예술이라고 하여 제7의 예술로, 사진은 제8의 예술로 불린다. 이번 장에서는 이들 형제 중 사진과 건축과의 관계에 대하여 살펴보려고 한다.

1839년을 사진의 공식적인 시작으로 보면 사진은 175세가 되었다. 그러나 프랑스의 사진 제판 발명가 조제프 니세포르 니에프스(Joseph Nicéphore Niépce, 1765~1833)가 1826년에 찍은 사진 〈르 그라의 집 창에서 내다본 조망〉이 남아 있고, 사진 원리의 발표는 16세기까지 거슬러 올라가기 때문에 사진의 시작은 훨씬 그 이전에 이루어졌다고 할 수 있다. 이미 15세기에 레오나르도 다 빈치(Leonardo da Vinci, 1452~1519)는 카메라 옵스큐라^{camera obscura}*를 이용한 구체적인 원근법을 발표한 것이다. 이는 밀폐된 방 안에서 벽에 작은 구멍을 뚫으면 밖에 있는 사물들이 구멍 뚫린 벽면의 맞은편 벽 위에 재현된다는 원리를 이용한 것이다.

하지만 사진이 실제적으로 이용되기 시작한 것은 19세기 초엽이다. 때문에 사진은 자신을 책임질 수 있는 나이에 이르기 전 성장기를 거쳐야 할 시간이 필요했을 것이다. 18세기 중엽 산업혁명을 배경으로 사진은 세상에 공식 발명으로 인정받은 유일한 공인 예술이 되고 말았다. 여기에서 사진을 발견이 아닌 발명이라고 표현하는 것이 의아할지 모른다. 그러나 이것이 발명자에게 부여되는 경제적 이익과 산업화의 과정에서 은연중 발생한 사회적 희구 때문이었음은 잘 알려진 바이다. 그럼에도 누구나 제약 없이 사진을 활용할 수 있게 된 것은 참으로 다행이다.

그때부터 자본가들은 경제적 이익을 창출하려고 사진을 여러 분야에 활용하기 시작했다. 사진은 19세기가 다 가도록 예술적, 상업적 성공을 위해 활용되었을 뿐이어서, 마치 몸만 커버린 아이와 다르지 않았다. 하지만 사진은 이제 새로운 눈과 머리로 다가오는 세기를 맞이하고 있었다. 자신(사진)은 누구인가, 세상은 어떻게 변해가고 있는가에 대해 깨닫기 시작했다. 소위 근대 사진의 시작이다. 사진은 이제 세상과 더불어 살수밖에 없게 되었다. 이것은 숙명이다.

---

* 라틴어로 어두운 방을 뜻한다. 어두운 방의 지붕이나 벽 등에 작은 구멍을 뚫고 그 반대쪽의 하얀 벽이나 막에 옥외의 실상을 거꾸로 찍어내는 장치이다. 발명 초기에는 상을 따라 연필로 덧그리며 그림을 베끼는 도구로 사용되었다.

미국 근대 사진의 아버지라 불리는 앨프리드 스티글리츠(Alfred Stieglitz, 1864~1946)는 19세기 말, 10년 동안 뉴욕이 변한 모습을 보며 새로운 세상, 새로운 사진으로 발걸음을 내디뎠다. 회화적 사진을 반대하고 리얼리즘의 묘사를 주장한 것이다. 이 시기에 사진은 이전에는 미처 발견하지 못했던 주위의 사소한 것에까지 시각을 넓히기 시작한다. 물론 사진 기술의 발전에 따라 그동안에 익숙하던 인접 또는 필요 분야와도 더욱 밀착된 관계로 진전되어갔다.

지금의 관점에서 보면 사진이 얼마나 진실에 가까이 근접할 수 있는가 하는 문제는 옛 이야기나 다름없다. 사진의 여러 속성 중에 현실의 기록적 측면은 인정할 수밖에 없지만, 한때 그것이 지나치게 신봉되어 마치 진실인 양 이용되었던 예를 우리는 여러 곳에서 찾을 수 있다. 특정한 목적을 위해 선별된 대상은 의도한 바를 드러낸다. 그리고 이는 제한된 이해와 시각을 가지게 한다. 사진이 사용 주체적 입장에서 효과적 수단으로 사용된다는 것은 다른 입장에서 보면 그렇지 않을 수 있다는 점이다. 아마도 이런 사진들은 이익에 따라 생산된다 해도 그르지 않은 것 같다. 만일 어떤 사진이 그렇지 않다면 이는 중도적 입장에서 냉정히 관찰하고 기록한 사진이라 말할 수 있다.

최근의 사진은 즉각적으로 진실을 누설하는 입장을 취하지 않는다. 연출을 통해 적극적 의미의 이미지를 생산하려는 양상이 지배적인 것 같다. 세상이 많이 변한 탓도 있지만 복잡한 현대사회의 제 현상을 사진으로 표현하기 위해서는 전통적인 방법의 기록적 측면은 조금은 부족하다고 생각하는 듯하다. 오히려 비쳐지는 실제와 연출된 가상이 충돌하면서 발생하는 충격과 진동을 유희적으로 표현하는 것에 더 큰 관심이 있는 것 같다. 현대사회의 이중적이고 모호한 상황을 표현하기에 아주 효과적인 방법이라고 볼 수 있다.

이제부터 건축을 빌어서 사진 이야기를 계속해보자. 여기서 말하는 '건축사진' 또는 '사진건축'은 건축과 사진 각자의 입장에서 그동안 우리에게 익숙한 관념과 전혀 반대되는 의미를 띨 수도 있을 것이다. 그렇지만 잠시 인도하는 대로 그 의미를 뒤집어보는 것도 세상을 달리 바라볼 수 있는 최소한의 방편이 될 수 있을 것이다.

'건축사진'은 건축과 사진이라는 말이 합쳐진 것인데 각 단어의 무게를 반반으로 해도, '건축사진'이라는 말의 무게는 뒷말 즉 '사진' 쪽으로 기우는 듯하다. 건축사진은 건축을 돕기 위한 하나의 수단으로 그 탄생의 당위를 얻었다. 그리고 건축은 사진의 확증 능력을 담보로 건축 이미지에 객관성을 얻고자 한다. 그리고 실제로 객관적이라 받아들여지기도 한다. 물론 건축사진은 건축의 실재성을 담보로 하지만 이것은 사진의 물질성에 주목해볼 때 2차원적 그림의 형태, 즉 사진화한 비실제의 건축일 뿐이다. 그 정도가 지나칠 경우 가상의 건축은 이미지를 강화하고 실재의 건축을 단지 관상의 대상으로 축소한다. 사진은 사실을 왜곡할 수 있고, 별 내용 없는 건축을 미화할 수도 있다. 사진이 폐단을 조장할 수도 있다는 말이다.

건축은 인간의 정신적 산물 중 하나이다. 그러나 구현된 건축이 이미지를 통해서 소통되는 구조에서는 어느 정도 건축(실재)과 이미지(비실제) 사이에 차이가 존재할 수밖에 없다. 물론 공간적, 시간적으로 실질 체험을 하기 어려운 경우 건축을 소통, 유통, 배포할 수 있는 방법이 이미지를 통한 간접적 정보 전달 외에 없는 것도 사실이다. 그러나 이러한 소통 구조에 내재된 속성을 의식하지 않는다면 건축의 건강함을 잃는 결정적 요인 중 하나가 될 수 있다는 위험이 있다. 물론 이러한 위험성이란 사진 이미지 자체로만 발생하는 것은 아니고 건축 스스로 시대와 갈등하며 생성되는 욕망 속에서 이미 배태되고 있을 것이다. 내적 위험은 어느 시대나 어느 분야에도 똑같이 존재할 수 있다. 그러나 효과적 소통 수단의 하나로서 건축이 사진으로 유포되어야 할 때 사진의 객관성을 간단히 빌어가는 것은 의심해볼 필요가 없는 것인가.

사진 생산자 입장에서 보면 사진이 건축을 과잉 표현하지 않도록 사회적 책임을 의식해야 하는 것이다. 사진이 자신을 통제하고 견제할 능력을 가지고 있을 때 과잉 표현의 억제 수단으로서 사진의 공적 책임을 수행하게 될 것이다. 무책임하게 사진의 객관성이 사용되지 않도록 하는 것이 최소한의 자정과 절제일 것이다. 현대를 이미지 시대라 말하기도 한다. 홍수같이 밀려드는 이미지의 폭력 앞에 선택적으로 이미지를 접하는 것은 눈을 감지 않는 이상 쉬운 일이 아니다. 이런 시대에 사진은 사진대로, 건축은 건축대로 또 다른 분야에서도 스스로 자정과 절제를 도모하지 않고서는 굴절된 시대의 속도를 제어하기 어려울 것이다.

'사진건축'이라는 표현을 살펴보자. 이번에는 말의 무게 중심이 건축에 있다. 어차피 건축사진의 속성이 건축의 이해를 돕기 위한 하나의 수단으로 그 탄생의 당위를 얻는다 할 때 자신의 정체를 바로 할 필요가 있지 않을까. 건축사진이 건축을 이해하기 위한 보조 수단으로 사용되며 비록 실제는 아니지만 허상으로서의 건축을 보여주는 이미지라 말할 수 있다면, 우리는 그것을 사진이 아니라 또 하나의 건축으로 받아들여야 할 것이다. 이 말은 건축의 입장에서 받아들이기 어려울지도 모른다. 하지만 엄연히 건축이 건축사진을 통해 소통되고 있으며 그 이미지로 실재의 건축을 지시 또는 의미할 수 있다는 점에 천착해보면, 그리 무리도 아니다. 건축 이미지를 생산하는 사람은 분명 건축을 구성하는 사람들 중에 하나이다. 건축이 잔칫집이라 그러고 싶은 것이 아니다. 초상집이라도 기꺼이 그래야 되는 것이, 건축의 이미지를 생산하는 자의 입장이다. 건축의 입장에서 사진건축이라 함은 어딘지 건축이 사진에 기대어 있는 것 같은 느낌이 드는 것을 인정한다. 여기에 건축사진을 보다 건축적인 사진으로 이해하는 경우도 있어서 우리에게는 사진건축보다 건축사진이 객관적으로 더 친숙한 듯하다.

예전에 드라마에서 건축가의 모습을 과장되게 표현해 그해 대학 입시 전공 희망 순위 1위에 건축공학과가 선정된 적이 있다. 그러니 건축사진이 텔레비전처럼 건축을 그 실제로부터 멀어지도록 하는 능력이 없을 것이라고 누가 장담할 수 있는가. 우리 삶은 익숙해진 것으로부터 좀체 벗어나려고 하지 않는다. 그러나 왜곡된 표현을 바로 잡으려는 노력은 힘들어도 해야 할 일이 아닌가.

예전에 어떤 자리에서 누군가로부터 설핏 부정적 의미의 사진건축이란 말을 들었다. 여기서 사진건축이란 건축의 입장에서 건축의 사진 의존적 자세 또는 태도 그리고 그 결과로서의 건축을 지칭한 것으로 이해되었다. 비록 대화 중의 짧은 순간이지만 그 속뜻이 다름 아닌 '허위 건축photogenic architecture' 즉 사진을 잘 받는 건축을 지칭한다는 것을 알고 나서 나는 혐의를 인정할 수밖에 없었다. 다만 햇살에 드러나는 묵은 먼지처럼 여러 가지 생각들이 떠오르며 스스로에게 건축사진의 공적 역할과 의미를 물을 수밖에 없었다. 생각 없이 던지는 돌이 개구리의 생명을 위태

롭게 해서는 안 되는 것이다.

　건축 이미지의 생산자가 직접 건축을 배워 실천적으로 집을 지을 것까지는 없어도 심정적으로 '사진이 아닌 건축을 하고 있다'라고 생각할 필요는 있지 않은가. 그래야 무책임한 사진의 수를 줄일 수 있을 것이며, 비록 잘생기지는 못해도 건강한 사진을 생산할 수 있을 것이다. 다리와 건물이 무너지고 가스가 폭발할 때 저마다 사진적 행위에 대한 자괴감에 빠지는 건축사진가는 또 없는가. 만일 있다면 이제부터라도 건축 이미지의 생산자는 스스로 '사진건축가'가 되어서 건축이 잘못될 때 혐의를 인정해야 될 것이다.

　건축사진이든 사진건축이든 건축은 조형적일 수밖에 없다. 그런 특성 때문에 건축은 사진사의 관점에 따라 더욱 조형적인 건축 이미지로 환치될 수 있다. 그러나 과연 건축이 관상의 대상으로만 존재할까. 그것을 둘러싸고 있는 도시와 사회 및 주변과의 관계를 소홀히 취급할 수 있을까. 상업적 건축사진을 통해 발견할 수 있듯이 건축이 오브제로 취급되는 예가 주위에 너무 만연한 것 같다. 여러 정황을 이해 못하는 것은 아니지만 우리의 건축 매체 환경에 비추어 어쩔 수 없다고 속단하기에는 뭔가 애석한 부분이 있다.

　일차적으로 발생되는 기표로서, 건축사진의 지시 특성이 너무나 구체적일 경우에는 상상력이 반감될 수 있다. 최근 언어를 빌려 건축을 말하고 느낄 수 있는 기회와 성과 들이 점점 많아지고 있어 참 감사한 일이다. 이럴 때 건축사진이 그 행보에 발맞추지 못하는 것처럼 보이는 것은 무감각하게 생산, 소통되고 있는 건축사진이 많기 때문이다. 이런 상황으로부터 벗어나려면 우회적 또는 은유적으로 건축을 지시하고 의미하는 건축사진이 많아져야 하겠다. 물리적 숫자를 말하는 것이 아니다. 최소한 소통의 존재적 관점에서는 동등해져야 할 것이다. 건축이 스스로를 말할 수 있도록 짐짓 사진이 물러나 사진의 전면성이 후퇴한, 현란하고 수다스럽지 않은, 그리고 역설적인 사진건축을 유통시킬 수 있어야 한다. 사진은 침묵하고 건축이 말하게 해야 한다.

여기서 한 가지 의문이 생긴다. 건축과 사진이 서로 가지는 것은 무엇인가? 건축은 이미지를 가지고 사진은 건축을 가지는가? 인류의 역사와 더불어 주거는 시간의 흐름과 함께 발전했다. 이에 삶의 질과 정신의 고양과 우리의 미감을 충족시키기 위한 디자인으로서의 건축이 나타났고, 당연히 그것을 기록하는 그림의 필요성이 생기게 되었다. 디자인으로서의 건축이 지닌 상품성을 가장 확실히 전달할 수단으로 사진이 필요했던 것이다. 사진술은 투시 원근법의 발견과 광화학의 결정적 기여로 서구에서 완성된 것으로, 동양의 그림과는 다르다. 우발적으로 완성된 것이 아니라 영국, 프랑스를 중심으로 전개되었던 산업화와 사회적 격변을 거치며 발명되었다. 도시화와 이에 따른 운송, 교통, 통신 등이 예술과 상업적인 공감대를 이루어 급기야 사진이 발명되도록 추동하고 있었다. 이는 마치 정해진 시각에 울리는 시계 종의 울림과 같았다. 사진의 발명은 곧 세계를 이해하는 새로운 방법이었다.

초기 사진술의 특성 때문이기는 하지만 사진에는 이미 그 탄생부터 집(건축)이 찍혀 있었다. 그 후 저렴한 초상 사진의 수요가 급증하는 등 여러 분야에서 사진이 널리 쓰임에 따라 도구 역시 개선되었다. 그렇게 사진 도구는 건축의 수요들을 만족시킬 수 있는 특별한 기계로 진화되고 있었다. 특히 컴퓨터를 이용한 방대한 수학적 계산이 가능해지자 건축사진을 위한 렌즈가 발달했고 양질의 사진을 얻을 수 있었다. 그러나 그것이 좋은 사진을 완성하기 위한 충분조건은 아니었다.

이런 과정 속에서 생산되는 건축사진은 자칫 그 목적만 수행하면 임무를 다한 선수같이 칭송받을 만하다. 그러나 그 임무 수행 능력을 과신한 나머지 맹목적 수단의 하나로 전락할 위험 지점에까지 이르게 되었다. 건축사진을 가장 빈번하게 요구하는 시장을 꼽는다면 단연 잡지 사진일 것이다. 때문에 건축사진은 정당한 출판 이익의 욕구와 압박, 그로 인한 선의의 경쟁이 빚는 과정에서 자유롭지 못하게 된다. 결국 선정성과 화려함을 강조하게 되는 것이다. 물론 그것이 가져오는 폐단이 쉽게 드러나지는 않을 것이다. 하지만 그러한 조짐은 이미 드러나고 있으며, 이제는 더 이상 외면하거나 회피할 수 없는 지경에 이르고 말았다.

건축사진은 즉석식품과 같이 소비되는 것이 아니다. 건축은 사라져도 건축사진은 남는다. 건축의 수명보다 사진의 수명이 더 길 수 있다는 말이다. 건축이 갖고자 하는 사진은 오랫동안 살아남을 수 있는 건축사진이다. 그것이 무엇이라고 간단히 말하기는 어렵다. 그러나 이미지의 생산자로서 그 답을 찾는 것을 숙명이라 느끼며, 희미하게나마 건축이 바라는 건축사진에 대하여 말해보고자 한다. 건축사진이란 건축의 진정한 모습을 담담하게 전하는 것이며, 이것이야말로 건축이 기대하는 건축사진의 올바른 모습일 것이다. 이는 오래전 경성대학교 건축학부 강혁 교수의 지적에서 비롯된 것으로, 이는 지금까지 잊혀지지 않고 머릿속을 맴돈다.

이미지가 삶의 전반을 장악해가는 시대에 우리는 건축물의 인상을 실물 체험보다 매체에 의해서 간접적으로 얻는다. 현대건축을 둘러싼 시각

매체의 강력한 영향력의 결과다. 이미지가 다른 정보를 압도하고 진지한 독해와 치밀한 분석을 대신하는 것은 바람직하지 않다. 건축은 이미지일 수 있지만 이미지가 건축일 수는 없기 때문이다. 이미지의 힘은 가벼움, 가변성, 순간성, 가상성에서 나온다. 건축 특유의 물질성, 항구성, 장소성은 건축이 열등한 매체, 약한 매체가 되도록 작용하지만 이미지로서의 건축이 실물 건축을 대신하는 것은 한번 생각해보아야 할 문제다. 비물질화, 탈물질화의 사회에서 건축의 물질성이 긍정적으로 작용할 수 있기 때문이다. 이는 몸과 생태학의 동반자로서의 건축이 영상과 결별하는 것이다. 즉 건축이 시대를 거스르는 저항의 몸짓을 취하는 것이며, 느리게 가는 건축이 다시 희망이 되는 역설이 실현되는 것이다.

상업적인 숨은 뜻이 있기에 사진이 보는 건축사진은 그 인식을 쇄신하기 어렵다. 의뢰자의 주문으로 생산될 수밖에 없는 구조가 그 같은 의심으로 이어져 독자성의 획득이 간단하지 않은 것 같다. 그러나 이런 속성을 가지고 있는 사진들에서도 그 독자성을 인정받은 예를 찾아볼 수 있다.

최근 건축사진의 지각을 송두리째 흔든 이완 반(Iwan Baan, 1975~)의 등장은 한 가지 중요한 사실을 말해준다. 건축에만 주목하는 통념을 깨고 건축이 놓인 환경과 사회를 암시하는 건축사진의 형식을 만들어낸 것이다. 김기찬(金基贊, 1938~2005)의 도시 주거지 달동네 사진도 시간이 흐를수록 점점 더 가치를 발할 것이다. 어디 사라진 것이 그곳에 있던 집들뿐일까. 그보다 더욱 중요한 것은 우리가 다시 회복할 수 없는 그때 그곳 사람들의 삶의 모습이다.

그들의 사진을 보면 집과 더불어 함께하는 사람들의 보다 촉각적이고 유기적인 인간관계를 느낄 수 있지 않은가. 흘러간 시절을 막연히 그리워하는 것이 아니라 현대인의 고단한 삶에 어떤 형식으로든 건축이 기여할 수 있는 영역이 있기에 희망을 버릴 수 없는 것이다. 이외에도 여러 방식으로 현대사회가 직면한 동시대적, 도시적 상황을 드러내는 다른 사진가들의 다양한 사진 작업들을 자주 보게 된다. 이런 사진가들의 도시·건축적 작업은 생성과 소멸을 반복하는 소위 예술적 경향들에 비추어봐도 지속성을 보여준다. 인간과 도시에 대한 애정과 이해의 깊이를 가늠하기에 충분하다 하겠다.

이렇듯 건축과 도시는 복잡다단한 현대인의 삶의 배경이 되는 그릇으로서 오늘날 피할 수 없는 중요한 이슈로 떠올랐다. 빠른 속도로 진행되는 도시화 과정에서 건축이 차지하는 영향이 더욱 예민하게 느껴질 수밖에 없다. 따라서 도시를 구성하는 하드웨어인 건축과 소프트웨어라고 할 수 있는 수많은 사회 현상들을 포함하는 도시 건축적 사진이 절실히 요구된다. 도시가 아플 때 환기될 수 있는, 그래서 날로 둔감해지고 있는 우리의 사회적 감각을 회복할 수 있는 데 기여할 수 있는 건강한 건축사진이 요청된다. 사진이 건축 또는 도시를 공생의 관계로 파악하지 못하고 그 관계의 지속에 기여하지 못할 때, 그것은 곧 시각 주체의 죽음만을 의미할 뿐이다.

Entrance

ENTRANCE

건축사진 찍기의 기본

건축사진 찍기의
기본

건축사진의 탄생과 실용 범위

건축사진은 사진 탄생과 그 때를 같이한다. 무늬만 같을 수 있으나 니에프스의 사진 〈르 그라의 집 창에서 내다본 조망〉과 프랑스의 화가이

조제프 니세포르 니에프스, 〈르 그라의 집 창에서 내다본 조망〉(1826). 존재하는 최초의 사진이 담고 있는 것은 건축이었다.

루이 자크 망데 다게르, 〈탕플 대로의 풍경〉(1838). 사진 한 장을 찍기 위해서는 필요한 시간이 상당했기 때문에, 움직이지 않는 건축이 사진의 대상이 된 것은 필연적이었다.

자 사진 기술자인 루이 자크 망데 다게르(Louis Jacques Mandé Daguerre, 1787~1851)의 〈탕플 대로의 풍경〉에 건물이 찍혀 있었기 때문이다. 그리고 사진술이 공표된 초기에 이미 세계적인 건축물을 촬영한 사진전이 1841년 파리에서 열렸었다. 뿐만 아니라 영국의 건축가 조지프 팩스턴(Joseph Paxton, 1803~1865)이 1851년에 지은 수정궁이 런던국제박람회를 끝내고 각 부재별로 해체되어 근교의 시드넘Sydenham에 재건되었는데, 그 과정이 1854년에 사진으로 기록되었다. 프랑스대혁명 100주년 기념 파리

에펠탑의 건설 과정 사진은 기념비적인 건축의 탄생과 건설 과정을 시간을 거슬러 보여준다.

만국박람회를 위한 에펠탑의 건설 과정도 사진으로 기록되었다.

산업혁명 이후 기술의 발전과 사회적 격변은 건축에도 큰 혁신을 가져왔다. 20세기 들어 근대건축 운동이 전개되면서 건축가는 자신의 건축 이념을 작품으로 구현했다. 이를 사진에 담을 필요성이 분명해진 것이다. 사진은 묘사력이 뛰어나며 휴대성이 좋아 건축을 대신하는 최상의 표현 수단이 되었다. 초기 건축사진은 건축의 보조 수단으로만 활용되었으나, 후에는 그 목적이 점차 다양해진다. 사진가의 의도를 표현하는 수단으로 건축이 활용되기 시작한 것이다.

1. 건축을 위한 건축사진

정보 전달의 수단으로 사용하는 실용(목적)사진이다. 사진이 건축을 대신한다. 즉 사진이 건축을 표현하는 수단의 하나가 되어 사람들이 건축을 이해하도록 돕는다. 건축의 디자인 의도는 대지, 구조, 재료, 질감, 색, 비례, 공간 등을 통해 표현되는데, 이들이 어떻게 구사되어 조화를 이루는가가 건축사진 몇 장에 드러나야 한다. 따라서 사실을 왜곡하게 되는 난점이 있다. 그러나 현실적인 측면을 고려할 때 다른 수단인 드로잉, 도면, 모형, 투시도 등과 어울리는 효과적인 정보 전달 수단이다. 건축의 실용성과 미학을 잘 드러낼 수 있다.

2. 사진으로서의 건축사진

건축 또는 그 주변이 함께 사진의 대상으로 선택되는 사진이다. 건축사진으로 해석될 수 있으나 다른 점은 그 대상과 관련하여 실제적인 사용 목적이 아주 적다는 것이다. 건축의 역사성이나 사회성 등을 직접적 혹은 우회적으로 드러내며 사진가의 내재하는 의도를 드러낸다. 즉 사진가의 생각을 건축을 통해서 사진으로 표현하는 것이며, 기록사진과 미술사진 두 가지로 나뉜다. 기록적 건축사진이란 도시, 건축적 대상을 기록하는 것이며, 미술적 건축사진이란 건축물에 대한 직접적인 정보 전달보다는 사진가의 주관적인 생각 또는 개념을 드러내는 것이다.

실용사진, 목적사진으로서의 건축사진이 만들어지는 가장 큰 동인은 건축가로부터이다. 건축가는 자기 작품, 즉 건축을 사진으로 만들어 다수의 대중 또는 특정 집단 안에서 그 건축을 시각적으로 표현하게 된다. 이때 시각화된 건축을 건축사진이라 한다. 건축사진이 생산되는 과정에서 눈여겨볼 것은, 건축가가 이룬 사유의 성과와 사회성이 사진을 통해서 드러나는 지점이다. 이것은 인간의 정서에 호소하는 건축미학이며 윤리이다. 완성된 건축이 인간의 보편적 생활과 건축 안팎에서 과연 얼마나 의미 있고 유효한지를 드러내는 것이다.

필름사진, 디지털사진

18세기 중반 백과전서의 등장은 서구 세계의 지식을 새롭게 분류했고, 산업화 시대의 도래는 사진 등장의 환경을 조성했다. 처음 사진이 등장한 이후 디지털사진이 나오기 전까지 카메라가 획득한 대상은 모두 필름으로 통칭되는 물질에 기록되었다. 마치 음반(LP판)에 음원이 기록될 때 그 표면에 가느다란 홈집을 내던 방식과 유사했다. 사진도 대상이 기록될 물질의 표면에 빛이 투사되었던 흔적을 고착하는 방식이다. 물질의 시대를 지나오며 얻은 시대의 산물이라 할 수 있다. 이런 물질성에 근거한 기록 방법에는 필연적으로 닳아버림이나 긁힘이 있다. 처음과 같이 깨끗한 상태를 유지할 수 없는 한계가 있는 것이다.

사진이 나타난 19세기 초에는 크기가 큰 사진을 얻으려면 좀 더 큰 필름으로 사진을 찍을 수밖에 없었다. 이때는 대개 나무로 만든 큰 카메라를 사용했다. 사진사가 카메라의 뒷면에 거꾸로 비쳐 보이는 대상을 들여다보며, 구도를 잡고 초점을 맞추는 방식이었다. 유리판에 거꾸로 비친 상을 보기 위해, 사진사는 구부정한 자세로 검은색 보자기를 늘 머리에 뒤집어쓰고 있었다. 예전에 사진관에서 사진을 담아주던 조그만 봉투에 그런 모습이 그려져 있기도 했다. 그 시절에는 그 모습이 사진사의

코닥 최초의 롤필름 장전식 카메라. 이스트먼 코닥이 내놓은 감광 필름과 휴대용 카메라는 기존 사진기의 물리적 제약을 뛰어넘는 획기적인 발전이었다. 이제 사진기는 사진사의 눈이 되어 세계 곳곳을 누빌 수 있게 되었다.

표상이었기 때문이다.

초기 사진 도구의 불편함은 곧 개선해야 할 여러 가지 과제로 이어졌다. 초기의 카메라는 비교적 움직임이 없는 사물을 찍을 수밖에 없었다. 이런 상황에서 세상의 다양한 모습을 사진으로 담기에는 불편한 점이 한두 가지가 아니었다. 몸으로 현장을 밟고 또 눈으로 보아야 하는 사진사에게 이런 거추장스러운 카메라는 어울리지 않았다. 그런 상황에서 이스트먼 코닥Eastman Kodak company은 새로운 형식의 감광 필름感光 film*과 휴대용

---

* 얇은 셀룰로이드 판에 감광제를 바른 촬영용 필름이다. 일반 촬영용 필름 외에도 영화용 필름, 적외선 필름, 엑스선 필름 등이 있다.

카메라를 시장에 선보였다. 도구의 간편함을 얻은 사진사는 세상의 끝까지라도 다다르려는 듯 작고 견고해진 카메라를 손에 쥔 채 눈빛을 반짝이고 있었다.

20세기를 지나며 일군 사진의 성과는 참으로 놀라운 것이었다. 사진이 협력한 여러 분야의 성과는 사진이 확실한 예술임을 증명할 수 있는 근거를 마련했다. 이제 사진 작품은 미술 시장의 주요 상품이 되었다. 회화가 원본성을 전제한 유일한 예술품인 반면 사진은 기계적 복제성 위에 확립한 기록성과 표현성을 인정받았다. 그사이 사진의 기록 방식이 바뀌고 있었으니, 즉 디지털 시대가 도래한 것이다. 2진법인 0과 1로 표기되는 디지털 방식은 앞서 예로 들었던 아날로그의 닳아버림과 긁힘 따위가 있을 수 없다. 낡거나 바래짐이 없고 언제나 새것, 정확함 그 자체다. 2차 세계대전 후 군사적 목적으로 개발한 최초의 컴퓨터인 진공관식 에니악[ENIAC]부터 시작해 그동안 이루어진 정보혁명은 실로 엄청나다. 반세기에 걸친 디지털 역사에서 그 성능의 진보는 사진에 엄청난 영향을 주었다. 그 커다란 필름카메라가 작은 디지털카메라로 우리의 손에 들려 있게 된 것이다. 당연한 것이겠지만 그 디지털사진을 처리하는 컴퓨터는 이미 필수적인 존재가 되었다.

인간은 건축의 구조재로 쇠를 다루기 이전에 흙, 돌, 나무, 벽돌 등의 자연 재료를 이용했다. 이것들을 이용해 중력에 맞서며 집을 짓는 것이 건축의 역사라 해도 될 것이다. 건축사진은 건축을 사진으로 담아내는 것이다. 태생적으로 건축을 대신하는 속성을 가지고 있는 건축사진은 중력을 이기며 굳건히 서 있는 건축의 물질적인 모습을 표현해야 한다. 여기에 디자인으로서의 미적 감각을 구현한 건축가의 솜씨를 사진에 담아내는 것이다. 그러므로 세심하게 고려되지 않은 카메라의 앵글은 이미 건축을 왜곡할 수 있다.

필름을 사용하던 시대에 건축사진을 위한 카메라는 원판카메라라 부르는 뷰카메라view camera*였다. 불편해도 이것을 사용할 수밖에 없었던 이유는 뷰카메라만이 수직, 수평을 바르게 조절할 수 있었기 때문이다. 그러나 기술의 발전으로 원판카메라의 이러한 기능이 구현된 소형, 중형 카메라가 개발되었고, 카메라는 진화를 거듭했다. 하지만 카메라의 구조에서 오는 어쩔 수 없는 한계는 있었다. 사진에서 나타나는 '직선의 똑바른 맛'이 결코 뷰카메라를 따라갈 수 없었기 때문이다.

보급 단계가 지나고 이제 디지털사진은 해상력의 측면에서 원판사진을 추월했다. 이를 뷰카메라에서도 디지털백digital back**으로 불리는 사진 장비를 이용해 구현할 수 있게 되었지만 너무 고가이기 때문에 보편화되기까지는 아직 어려움이 있다. 이런 상황에서 보급형 디지털카메라의 저렴한 가격과 뛰어난 성능은 사람들의 선호를 얻기에 충분하다. 그러나 소형, 중형의 고정식 카메라가 뷰카메라의 성능을 따라갈 수 없는 이유는 카메라 바디의 구조적 한계에서 비롯된 렌즈 성능 때문이다. 렌즈의 수차 중에서 사진이 실제보다 더 동그랗게 찍히는 술통 왜곡 현상barrel distortion이 문제였다. 그것은 주로 광각 계열의 렌즈를 사용하는 건축사진

---

* 주름상자를 조절하여 렌즈의 지지체나 초점면을 자유롭게 조작할 수 있는 조립 카메라이다.

** 중형 카메라나 뷰카메라에 필름을 대신해 장착하는 이미지 캡처 장치이다.

의 아킬레스건이었다. 필름의 크기에서 비롯되는 해상력은 접어두더라도 이는 디지털 시대의 구조적 한계인 것이다. '직선의 맛'을 살리기 위해서는, 즉 직선을 똑바르게 찍기 위해서는 반드시 엄격히 수차를 교정한 뷰카메라용 렌즈를 사용해야만 하는 것이다.

그러나 그 출생이 컴퓨터의 등장에서 비롯되었다는 관점에서 디지털 사진을 보면 '직선의 맛'을 교정하기 위해서 0과 1로 표기하는 수치 체계를 바꿔주는 일이 얼마든지 가능한 것을 볼 수 있다. 거기에 더해 디지털은 낡지 않고 언제나 새것처럼 유지할 수 있다. 술통의 옆모습과 같이 찍힌 '굽은 선의 수치'를 '직선의 수치'로 바꿔주면 되는 것이다. 컴퓨터는 이를 가능케 할 것이고, 그 구체적인 작업을 위한 마당은 포토샵으로 대표되는 디지털사진 후처리 프로그램들이다. 여기서 제공하는 툴을 이용하면 전용 렌즈를 쓰지 않더라도 원하는 '직선의 맛'을 손쉽게 요리할 수 있다. 그리고 또 하나 반가운 소식은 광학적으로 복잡한 계산을 요구하는 특정한 렌즈의 설계가 현실적으로 가능해졌다는 점이다. 그 결과 지금까지 볼 수 없었던 뛰어난 성능의 렌즈를 사용할 수 있게 되었다.

건축사진에 필요한 장비

1. 카메라

고정식 카메라는 소형 35mm 카메라와 중형 120mm 카메라로 나뉘며 비교적 부피가 작아 휴대가 수월하다는 장점이 있다. 그러나 카메라의 바디가 물리적으로 고정돼 렌즈의 수차를 세밀하게 교정하지 못하는 어려움이 있다. 이러한 광학적인 한계 때문에 렌즈가 직선을 반듯하게 찍지 못하는 것이다. 그러나 고정관념을 버리고 휘어지면 휘어진 대로, 굽어지면 굽은 대로 자유로이 건축을 표현한다면 일반 카메라로도 얼마든지 좋은 건축사진을 얻을 수 있다. 또한 최근 광학 기술은 이런 단점조차 모두 극복했으며, 이제 35mm 디지털카메라는 가장 합리적인 건축사진의 주요 장비가 되었다.

뷰카메라는 카메라가 크고 무거우며, 몇 개의 렌즈와 필름 홀더 등을 함께 지참해야 한다는 단점이 있지만, 왜곡 수차를 엄격히 교정한 렌즈를 사용할 수 있으므로 최상의 건축사진을 얻을 수 있다는 장점이 있다. 주름막으로 된 부분이 유연하므로 렌즈, 필름면을 의도대로 움직일 수 있는데, 이것은 건물이 기울어져 보이거나 뒤틀린 모습으로 보일 때 이를 반듯하게 교정할 수 있다는 것을 의미한다.

건축이 사진에 찍히는 데는 한 가지 분명한 이유가 있다. 건축은 그 크기가 매우 커서 사람의 키 높이에서부터 까마득히 올려다보는 높이에까지 이른다. 이런 대상을 한눈에 보기에는 물리적인 제약이 따를 수밖에 없다. 따라서 사진으로 정확히 기록하는 작업이 필요하다. 이를 위해 정밀함이 요구되며, 특히 수직선이 변형되지 않도록 주의하는 것이 핵심이다.

아래 그림의 중심은 두 대각선이 만나는 지점이다. 아래의 첫 번째 사진에서 중심을 찾아보면 그림처럼 두 대각선이 만나는 지점이 시점임을 알 수 있다. 올려보거나 내려다보는 경우를 제외하고 대체로 자신의 눈높이에 시점을 맞추면 수직선이 똑바른 화면을 발견할 수 있다.

만약 수직, 수평선을 반듯하게 교정하고자 한다면 뷰카메라를 이용한다. 그 핵심 기능을 rise와 fall이라 부르는데, 렌즈 또는 필름면이 상하로 움직임을 뜻한다. lateral shift는 종종 rise, fall과 복합적으로 사용되며 그 운동의 방향이 수평으로 움직임을 뜻한다. 반면 건축사진에서 tilt와 swing은 그 사용 빈도가 매우 낮다. 뷰카메라는 사용 필름이 큰 만큼 최종 사진의 해상력이 탁월하다.

지상에서 건물이 화면에 가득 차도록 사진을 찍기 위해서는 시점을 올려다보아야 한다. 이 경우 건물의 하부보다 상부까지의 거리가 멀게 되며, 이때 먼 곳의 사물은 더욱 작아지고 수직선은 기울 수밖에 없다. 이런 현상을 피하기 위해서는 시점을 자신의 눈높이에 수직으로 위치시켜야 하지만 이렇게 찍은 사진은 건물의 상부가 잘리고 땅 부분이 과다하게 많이 나오게 된다. 이럴 경우 뷰카메라를 이용해 전용 렌즈로 교정

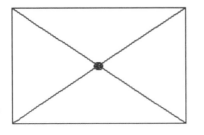

건축사진의 시점 중앙으로 수렴하는 부분이 사진의 시점이라는 것을 알 수 있다. 반드시 수직, 수평선을 교정할 필요는 없다. 굽으면 굽은 대로 자유롭게 표현하는 것도 좋다.

을 해야 하며, 보다 완성도 높은 사진을 원할 경우 전문가의 손을 빌리게
된다.

아래의 첫 번째 사진은 명동성당 원경이다. 원경과 달리 화면 안에 명
동성당 전체를 가득 담기 위해서는 시점을 이동해야 한다. 그림 ① 실선
의 눈높이 현관 부분에 시점을 겨냥하면 수직선은 반듯하게 정리되지만
교회 상부의 첨탑은 잘리게 되고, 아래 땅 부분이 너무 많이 보이게 된다.
이 상태에서 렌즈가 있는 뷰카메라의 앞부분만 위로 밀어올리면 그림 ②
의 점선과 같이 화면이 움직이면서, 두 번째 명당성당 사진처럼 땅은 알
맞게 잘리고 교회의 상부 첨탑 부분은 화면 안으로 들어오게 된다.

기술의 발전에 따라 전반적인 사진의 방식은 필름에서 디지털로 이행
되었고 그 추세를 따라 건축사진의 도구도 디지털로 바뀌게 되었다. 단

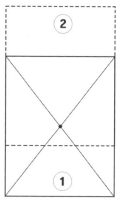

건축사진 시점의 이동 수직, 수평선을 반듯하게 표현하고
자 한다면 뷰카메라 전용 렌즈로 시점을 이동해야 한다.

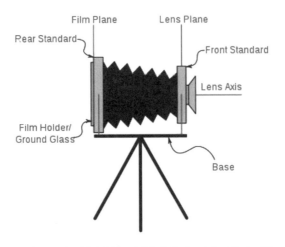

뷰카메라 렌즈나 필름 부분을 어떻게 움직이느냐에 따라 rise(밀어올림), fall(끌어내림), lateral shift(좌우 측면으로 슬라이드 시킴), tilt(앞으로 숙이거나 뒤로 젖힘), swing(좌우로 팔랑임) 다섯 가지로 구분할 수 있다.

순히 사진의 질로 보면 디지털백을 장착한 뷰카메라식의 전용 카메라가 최상이다. 하지만 건축사진가에게 그 가격은 현실적으로 부담스럽다. 다행히 최근까지 이루어진 35mm 풀 프레임 디지털카메라의 발전은 성능 차를 빠른 속도로 메우며 건축사진가의 필요를 충족시키고 있다. 이제 디지털카메라는 렌즈의 발달과 더불어 건축사진을 위한 필수 도구가 되었다.

2. 렌즈

빛은 매질이 조밀할수록 그 진행 속도가 느려진다. 빛을 모으거나(볼록렌즈) 분산시키기(오목렌즈) 위해서는 수정이나 유리를 갈아 만든 투명한 물체가 필요하다. 광학의 발전은 이러한 원리를 따르면서 이용 투과율이 가장 높은 유리로 렌즈를 만드는 것을 가능하게 했다. 이러한 렌즈는 빛의 진행 방향을 조절하여 대상의 반대편에 선명한 상이 맺히게 한다. 렌즈는 일정한 각도 안에 있는 사진의 대상에서 발산하는 빛을 모아들여 필름면에 거꾸로 투사한다. 이때 선택적으로 대상을 포집하는데, 모아들여 맺힌 그림의 형태는 원 모양이며, 그 원의 지름이 갖는 상대적 각도를 포괄각이라 부른다. 한편 카메라의 어두운 내부 한쪽에는 필름이 놓여, 렌즈가 투사하는 바깥세상의 빛이 부딪혀 상을 맺는다. 이때 프레임이라 부르는, 사각형 모양으로 잘려 맺힌 이미지의 대각선이 갖는 상대적 각

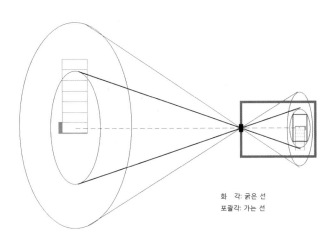

화 각: 굵은 선
포괄각: 가는 선

건축사진에서는 포괄각에 맺힌 이미지도 사용할 수 있어야 하므로, 특수한 렌즈를 사용한다.

도가 화각이다.

일반 렌즈는 대개 화각만을 수용하는 형태로 만들어진다. 반면 건축 사진을 위한 렌즈는 반드시 여분의 포괄각에 맺힌 이미지를 추가로 활용할 수 있어야 한다. 그러므로 건축사진가들은 넓은 포괄각, 즉 이미지 서클을 가지고 있는 렌즈를 사용한다. 건축사진의 결과가 렌즈의 성능에 비례할 수 있기 때문이다.

디지털카메라에 사용하는 통칭 PC 렌즈는, 그 몸체가 어긋나거나 비틀어지는 동작으로 마치 뷰카메라처럼 사진가의 필요에 맞게 대상을 변형시킨다. 실제의 모습대로 건축물이 찍힐 수 있도록 대상을 조절할 수 있는 것이다. 어떤 건물을 사진에 담기 위해 렌즈를 하나만 사용한다면, 작은 건물은 가까이에서 큰 건물은 조금 멀리에서 찍으면 된다. 그러나 도시에서 건축사진을 찍기에 주변 상황은 그리 여유롭지 않다. 먼저 촬영에 적합한 위치를 찾은 후 그에 따른 초점거리의 렌즈를 사용하는 것이 올바른 방법이다. 이런 경우 시점을 눈높이에 맞추어 건물의 수직선이 휘지 않도록 세로 사진을 찍은 후, 아래에 많이 찍힌 땅 부분을 잘라내기도 하는데 사진이 작아지는 것을 감안해야 한다.

이렇게 특별히 건축사진용으로 개발된 렌즈가 있지만 그렇다고 일반용으로 제작된 렌즈가 불필요하다는 것은 아니다. PC 렌즈 이외에 표준과 망원 계열의 렌즈도 사용하며, 촬영 장소가 아주 좁을 때에는 초광각 렌즈도 필요하다. 필요한 용도에 맞도록 적절한 렌즈를 선택하는 것은 목수가 쓰임에 따라 알맞은 연장을 찾는 것과 마찬가지다. 처음에는 높은 건물을 피해, 낮은 건물부터 시작한다면 시점이 가운데에 위치해도 전혀 손색없는 건축사진이 된다. 이들은 일반 카메라로도 충분하며, 빛

단층 건물이나 내부 사진을 찍어보면서 건축사진의 촬영 기술을 익히는 것이 좋다.

을 잘 관찰해 적절한 시간대를 선정하면 좋은 사진을 만들 수 있다.

사진에 기록될 3차원의 대상은 빛으로 포집되어 렌즈의 중앙으로 모여들고, 아주 좁은 한 지점을 통과한다. 렌즈의 중심점이다. 이곳을 지날 때 전후 상하가 바뀌며 반대편에 있는 필름에 그 빛이 투사된다. 이때 렌즈의 중심점을 통과하는 빛을 간섭하는 것이 있는데 그것이 조리개이다.

이 조리개의 간섭을 통해 나타나는 현상이 '빛의 회절'이며 빛의 진행 방향이 교란됨을 뜻한다. 따라서 이상적인 조리개의 위치점은 렌즈의 광학적 중심점과 동일한 곳이어야 한다.

고정식 소형, 중형 카메라는 마운트^{mount}*를 매개로 렌즈와 결속된다. 예를 들어 바디의 두께가 50mm이고 24mm 렌즈가 붙어 있다면, 빛은 렌즈의 앞부분과 중심점을 지나서 대안 렌즈 곧 렌즈의 후면부를 지나가야 한다. 다시 말해 중심점 뒤에도 겹겹의 렌즈가 남아 있다는 말이다. 그런데 SLR 카메라의 경우 바디 속에 미러가 있으니 렌즈 후면부가 비집고 들어갈 틈이 한 치도 없다. 이러한 물리적 제약은 복잡한 광학 설계를 통해서 렌즈의 가상의 중심점을 조리개의 앞이나 뒤로 밀어붙여 극복할 수 있다. 그러나 이런 물리적 제약은 빛의 진행 방향에 개입하여 그 진로를 휘게 하는 것이다. 조리개를 중심으로, 그 앞이나 뒤에서 빛이 교차하는 렌즈의 교차점이 놓이게 되면 회절 현상이 사진에 나타나게 된다. 그 결과 광각 렌즈는 술통처럼 바깥쪽으로 볼록하게, 망원 렌즈^{望遠} lens**는 바늘집^{pincushion distortion}처럼 가장자리가 늘어난 듯 직선이 안쪽으로 오목하게 휘게 된다.

뷰카메라의 렌즈 주름막을 벗겨보면 내부가 비어 있는 것을 볼 수 있

---

* 렌즈 교환식 카메라에서 카메라 바디와 렌즈를 연결하는 부분이다. 마운트 규격에 따라 장착할 수 있는 렌즈도 달라진다.

** 멀리 있는 물체를 크고 정확하게 볼 수 있도록, 초점거리를 비교적 길게 만든 렌즈를 말한다. 전경과 후경의 원근감을 압축하여 얕은 심도를 나타낸다.

다. 여기에는 셔터를 사이에 두고 앞쪽에는 대물 렌즈가 뒤쪽에는 대안 렌즈가 구성되어 있는데, 이는 렌즈의 왜곡 수차를 교정하기 위한 아무런 물리적 제약을 받지 않는다는 것을 뜻한다. 가장 이상적인 렌즈의 형태이기에 최상의 사진을 위한 렌즈 설계가 가능한 것이다. 그 결과 뷰카메라로 찍은 사진의 직선은 휘지 않고 반듯하게 나타난다.

3. 삼각대

삼각대는 건축사진을 찍을 때 꼭 지참해야 할 도구 중 하나이다. 주변이 어두운 상황에서 사진을 찍어야 하는 경우에는 대개 셔터스피드를 낮추고 조리개를 정도껏 조여야 하기 때문이다. 물론 현대건축의 경우 유리를 많이 사용하면서 로비가 많이 밝아지기도 했다. 이렇듯 낮에 실내 조명이 필요치 않을 정도의 밝은 곳이라면 카메라를 손에 들고 찍을 수도 있지만 그것은 바람직하지 않다. 카메라를 손에 들고 찍은 사진에서 건축이 기울게 나타나면 후처리 과정에서 교정을 거쳐야 하는데, 이는 최소화하는 것이 좋다. 후처리 과정에서 데이터 손실이 불가피하게 일어날 수밖에 없고, 해상도도 떨어지기 때문이다. 향후 부분적인 합성이 필요한 상황에서도 삼각대는 필수적이다. 합성하는 사진 중 어느 한 장이라도 흔들려 찍힐 경우 작업을 완성할 수 없기 때문이다.

특히 실내 사진의 경우 빛이 충분하지 않기 때문에 선명한 사진을 위해서는 삼각대가 필수다. 예컨대 상업 공간의 촬영은 영업에 방해가 되지 않는 밤에 촬영하기도 한다. 이렇듯 실내 조명만으로 사진을 촬영해야 한다면 어쩔 수 없는 노릇이다. 물론 디지털 카메라의 성능이 좋아서 자동 촬영이나 감도를 올리고 찍으면 얼마든지 카메라를 손에 든 채 효과적인 결과를 얻을 수 있다. 그러나 정교한 사진을 얻기 위해서는 필요한 과정이 있는 것이다. 한 전문 사진가는 삼각대를 들고 다니지 않는 사진가는 프로가 아니라는 말을 했다고 하니 이쯤 되면 삼각대가 사진 촬영에 어떤 존재인지 짐작할 수 있을 것이다. 그러나 이 말을 오해할 필요는 없다. 왜냐하면 이 말은 한편으로는 맞지만 다른 한편으로는 맞지 않기 때문이다. 모든 사진이 따라야 하는 법이 있는 것이 아니라 어떻게 하는가가 우리의 과제인 것이다. 물론 그렇다 하더라도 삼각대를 사진의 기본 구성에서 빠트릴 수는 없다.

4. 후보정

디지털사진은 JPEG보다 RAW 파일로 저장하는 것이 좋다. 컴퓨터의 후처리 과정에서 훨씬 좋은 결과를 보장해주기 때문이다. RAW로 촬영된 데이터는 현상, 즉 데이터 변환 과정에서 TIFF 등의 다른 파일로 바꾸는 과정을 거친다. 이때 노출, 콘트라스트, 화이트밸런스, 색상 등을 기본적으로 조절한 후 16bits TIFF로 저장한다. 현상 프로그램은 별도 프로그램을 쓸 수도 있겠지만 카메라와 함께 따라오는 번들도 좋다.

데이터 변환된 파일은 디지털사진 후처리 프로그램으로 불러들여 필요한 작업을 한다. 이렇게 보정을 마친 사진은 인쇄 원고로 또 필요에 따라 JPEG 변환을 통해서 인화되거나 다른 용도에 맞춰 사용된다. 어느 디지털사진 후처리 프로그램은 이런 현상 과정과 처리 과정이 동시에 이뤄지는 것도 있는데 앞으로 더욱 개선될 것으로 보인다.

참고로 여기서 RAW와 JPEG 파일의 차이를 음식에 빗댈 수 있다. RAW는 식재료, 후보정된 데이터는 레스토랑의 요리, JPEG는 즉석식

품에 비견할 수 있다. 요리에서 신선한 식재료를 다듬어 정성스레 조리한 음식은 정말 맛있다. 하지만 때로는 즉석식품이 그런대로 괜찮을 때도 있는데, 먹기에 간편하기 때문이다. 이를 RAW와 JPEG에 적용해보자. 이 둘의 분명한 차이점은 데이터 후처리의 시점이 언제인가 하는 것이다. RAW 파일은 나중에 천천히, JPEG 파일은 카메라 속에 내장된 프로그램을 통해 순간적으로 처리된다. 마치 즉석식품과 같이 빠르게 처리되는 과정에서 세밀한 처리를 기대하기는 어려울 수밖에 없는 것이다.

원근법

원근은 '멀고 가까운'이라는 말뜻처럼 평면상에서, 3차원 공간에 놓인 사물을 공간적으로 후퇴시키는 기법이다. 즉 시점으로부터 거리가 멀어질수록 사물이 작아 보이는 효과를 말한다. 원근은 건물 자체에 존재하는 것이 아니며, 관찰자가 선택한 시점에 따라 변화한다. 특정 시점에서 관찰하면 건물의 가로선들은 수렴되어 나타나고, 동일한 높이를 가진 세로선들은 점차 짧아지는 것처럼 나타난다.

투시도법을 발견하고 이를 처음으로 그려낸 사람은 브루넬레스코였다. 브루넬레스코의 명성은 소실점에 의한 원근법으로 인해 드높아졌다. 그가 설계한 피렌체의 산 로렌초San Lorenzo 성당은 원근법의 교과서가 되었다. 과학적 근거를 바탕으로 한 원근법은 마사초(Masaccio, 1401~1428)의 그림 〈성 삼위일체〉에서 실현되었고 이후에도 서양미술사의 획기적인 걸작들이 탄생하였다. 이탈리아의 철학자이자 건축가인 레온 바티스타 알베르티(Leon Battista Alberti, 1404~1472)는 1435년에 그의 저작 『회화론』에서 회화를 기하학과 연결하여 투시도법을 이론적으로 정리하고 체계화했다. 새로운 건축 기법을 전달하고 연구의 길을 연 것이다. 여기에 당시의 많은 화가들이 원근법과 병행해 사용하던 카메라 옵스큐라, 즉 카메라의 원리가 원근법을 완벽히 구현해준다는 사실이 발견되었다. 카메라 옵스큐라가 만들어주는 상이 완벽하게도 원근법의 원리에 따라 맺힌다는 사실을 알게 된 것이다.

대기 원근법은 그림에서 물체의 색깔에 변화를 줌으로써 색체의 단계적 변화를 만들고 그림에 깊이를 더하는 방법이다. 멀리 떨어진 물체일수록 명암 대비를 약하게 하거나 색을 흐리게 처리하는 것을 말한다. 우리가 인식하지 않더라도 수많은 사진들에 이미 대기 원근법이 적용되어 있다. 역광 사진에서 배경은 밝고 화사하게, 앞의 주제는 알맞은 밝기로 처리하면 사진의 느낌이 좋아지는 것이 대기 원근법이 적용된 경우다. 건축 사진에서의 이러한 효과는 전체적으로 깊이를 주며 주요한 건물을 더욱

각 소실점에 따른 사진 표현 기준점이 어디에 있는지에 따라 1소점 사진(왼쪽), 2소점 사진(가운데), 3소점 사진(오른쪽)으로 구분한다.

돋보이게 한다.

선 원근법은 입체적인 물체를 2차원의 평면에 옮기는 기하학적 묘사법이다. 이 방법에 의하면 모든 물체는 하나의 시점에서 관찰된 모습으로 기록된다. 소실점은 항상 관찰자의 눈높이에 있으며, 1점 투시도법은 기준점이 물체의 한 면, 2점 투시도법은 기준점이 물체의 한 각(모서리)에 있다. 그리고 3점 투시도법은 부감, 조감법이라 부르며, 관찰자가 대상의 한 모서리의 꼭짓점을 보고 있는 경우라고 생각하면 된다. 모두 3차원의 공간에 놓인 사물을 사람의 눈에 보이는 대로 그리기 위한 방법이며, 종이 위에 그리는 그림이나 사진에 찍히는 영상이나 그 원리는 동일하다.

시점, 관점 그리고 시각, 거리

1. 시점

시점의 사전적 의미는 '어떤 대상을 볼 때 시력의 중심이 가닿는 점'이다. 투시도법의 소실점과 뗄 수 없는 관계가 있다. 소실점이 한 개면, 앞에 보이는 면들이 사각형 또는 원래의 모양대로 변형되지 않고 보이게 된다. 소실점이 두 개면, 기준점이 물체의 모서리에 있기에 수직선이 강조된다. 소실점이 세 개면, 대상의 물체는 비로소 3면이 동시에 보이며 삼차원적 물체로서 충실한 모양을 띤다. 여기서 시점(시력의 중심)이 렌즈(광학적 축)로 바뀐 카메라를 상상해보자. 렌즈를 어디로 겨냥하느냐에 따라 그 소실점이 한 개에서 세 개로 바뀐다. 동감할 수 없다면 그것은 카메라의 위치가 바뀌지 않았기 때문이다.

　이야기를 건축사진으로 옮겨보자. 1소점 효과는 건축의 평면이 변형되어 보이지 않으므로 비교석 비례, 균형, 크기 등을 단정하게 보여줄 수 있다. 2소점 효과는 모서리 수직선이 강조되므로 건축이 드라마틱하게 보이는 효과가 있다. 극적 효과를 위한 투시도에 많이 쓰인다. 3소점 효과는 대상의 물체를 위에서 내려다보는 경우처럼 다소 설명적인 느낌을 전달한다. 이 세 가지 효과를 얻기 위해서는 촬영자는 장소를 옮겨야만 한다. 그렇게 찍은 사진은 관찰자가 본 것을 손가락으로 가리키는 지시적 기능을 한다. 매번 1~3소점 효과를 기대하며 건축을 드러내기 위해 렌즈를 적절히 들여다보아야 한다.

2. 관점

관점의 사전적 정의는 '사물이나 현상을 관찰할 때 그 사람이 보고 생각하는 태도나 방향' 또는 '사물과 현상에 대한 견해를 규정하는 사고의 기본 출발점'이다. 사람들이 사진을 이해하는 방식은 그림과는 달리 카메라의 기록성을 사실로 받아들이려는 데 있다. 사진의 기록 방식이 기계를 이용하는 것이기에 전적으로 어떤 조작을 하기가 어렵다고 믿는 것이다. 하지만 그 객관성 뒤에는 항상 누군가의 시선이 있고, 시선은 그 사람의 감정과 세계관의 영향을 받는다. 사진은 이렇게 항상 누군가의 관점이 개입되므로, 사진을 볼 때 그 관점이 어떤지를 살펴보는 것은 사진을 제대로 이해하는 지름길이 된다.

　관점은 객관적인가 주관적인가에 따라 두 가지로 나뉜다. 객관적 관점은 기계적 복제성을 전제한 사진 고유의 것이다. 사진의 역사를 볼 때 이 사진의 기계적 사실성을 긍정했는가, 부정했는가에 따라서 19세기와 20세기 사진이 구분된다. 세상을 정확하게 보려면 어느 쪽에도 치우치지 않는 객관성이 필요하다. 객관적 사실을 보여주는 일은 사회를 옳게 비평하는 수단이다. 어떤 사실을 바라볼 때 사람들은 자신이 보고 싶은 것만 보려는 습성이 있다. 그러나 외면하고 싶은 사실이라도 그것이 객관적 사실이라면 사진은 인류의 양심을 깨우는 강력한 수단이 될 수 있다.

한편 카메라가 대상을 향하여 하나의 관점을 취하려는 순간, 여기에 어쩔 수 없는 최소한의 주관이 개입한다. 이것이 주관적 관점이며, 촬영자가 아무리 주관성을 최소화하려 해도 그것은 쉽지 않다. 이 점을 잘 알고 있는 사진가들은 사진의 객관성을 포기하고 역으로 더욱 주관적인 시선을 강조한다. 사진의 객관성은 신화에 불과하다는 생각에 주관성에 더욱 힘이 실렸고, 현대의 사진가들은 더욱 적극적으로 주관적 관점을 화두로 삼아 사진을 사유화하기 시작했다. 태생적으로 실용성, 목적성을 갖고 있는 건축사진에서 관점은 잘 드러나지 않을 수 있다.

사전적 의미의 관점에 비추어 다시 건축사진을 보자. 촬영자는 건축을 효과적으로 보여주기 위해 사진에 기록한다. 이를 위해 시점을 정하고 렌즈를 통해 대상을 들여다본다. 그가 먼저 보는 것은 물체이고 이어서 보게 되는 것은 건축가의 손길이다. 여기서 그 건축의 조형미나 인간 삶을 아우르는 따뜻한 배려를 본 순간, 자신이 본 것을 사진으로 가리킬 것이다. 이는 지시 기능의 측면에서 프레이밍을 의미한다. 은연중 건축사진에 촬영자의 시선이 담기는 것이다. 시점과 관점의 공통점은 타인이 촬영자의 시선을 가늠해볼 수 있다는 점이고, 관점이 시점과 다른 점은 촬영자의 마음가짐에서 비롯된 생각이 사진에서 드러나느냐이다.

3. 시각

시각의 사전적 의미는 '성찰을 전제한 자세와 태도'를 일컫는데, 이는 매우 중요한 의미를 가진다. 사진적 시각은 사진술을 통해서 사물을 보는 것을 뜻하며 좋은 사진을 생산할 조건이 된다. 하나의 사물 그대로는 존재의 차원에 머무르지만 누군가에 의해 매체로 표현이 되는 순간 의미의 차원으로 바뀌게 된다. 사진에 찍힌 사물은 원래의 사물이 아닌 그 사물의 이미지이자 의미로 변하는 것이다.

건축이 보는 사진적 시각은 실재의 건축과 재현된 정보의 해석 사이에 존재하는 간극이라고 볼 수 있다. 사물의 의미를 생성하는 사진적 문법이나 현실 건축과 이미지 사이의 간극을 말하는 것은 사진적 시각의 중요성을 환기시키며 건축이 이미지화되는 과정에서 그 영상을 만드는 사람의 역할이 어떠한지를 생각하게 한다. 사물로서의 건축이 존재적 차원에서 건축 이미지로 바뀌며 의미를 띠게 되는 과정, 건축을 중심으로 그 사용자인 사람들의 생활과 경험을 이야기할 수 있게 시각적으로 호소하는 과정에 대한 이야기이다. 한마디로 압축하면 '삶을 위한 사진'을 연상하게 하는 것이다.

시각이 관점과 많은 점에서 유사하지만 인식의 범위는 관점보다 훨씬 제한적으로 쓰이는 것 같다. 관점의 관(견해)이 사진가에게 거의 무한할 정도(주관적 관점)까지 선택의 자유를 주는 것이라면, 시각은 다소 목적성을 띠고 영역을 한정하는 것 같다. 예컨대 관점언어(시각언어), 관점디자인(시각디자인)에서 느껴지는 어감을 상기해보면 쉽게 이해할 수 있다. 또 시점과 관점이 서로 비슷해도 인식의 정도에 따라 그 차이는 뚜렷하게 달라질 수 있다. 건축을 대상으로 한 사진이지만 관점과 시각이 확장된 예술사진으로서의 건축사진을 건축이 과연 수용할 수 있는가 하는 의문이 생긴다. 건축에 복무할 의사가 전혀 없는 사진을 건축이 받아들일 수 있을까. 쉽지 않다. 건축이 용도를 뛰어넘는 가치를 획득하여 예술의 한 지위를 획득했다면, 관점이 증폭된 예술 건축사진도 수용하지 못하리란 법은 없다. 그렇다면 이제 남는 것은 그것이 어떤 사진인가 뿐이다.

그러나 건축은 이미지가 될 수는 있어도 이미지는 건축이 될 수 없는 사실만큼은 분명하다. 그것은 물질성에 근거한 차원이 다르기 때문이며, 그것의 수용 여부는 전적으로 건축에 달린 것이다. 시각이 '삶을 위한 사진'을 전제한 건축사진이라면, 시점에서 분리된 시각은 훨씬 깊고 넓은 건축 이야기를 할 수 있게 되었다. 건축의 물질성에 목마른 지금까지의 시점에서, 시각은 건축이 그토록 얻으려 노력했던 특별한 가치를 말할 수 있게 되었다. 건축의 존재에 시각이 개입하는 순간, 건축의 역사성, 사회성을 말할 수 있게 된다.

4. 거리

실용 사진으로서의 건축사진에서, 대상과의 거리는 그리 중요하지 않다. 그 이유는 대개 건축이 준공된 상태에서 사진적 기록을 하기 때문이다. 신축이 아닌 개축인 경우에도 그동안의 삶과 그 흔적으로서의 시간은 대부분 소거될 수밖에 없기에, 건축은 삶의 흔적과 시간을 먹고 자라는 숙명적 관계성을 가지고 있다고 할 수 있다. 물론 전적으로 화해할 방도가 없는 것은 아니다. 리모델링을 통해서 과거와 현재의 시간이 조화롭게 공존하는 건축이 주목을 받기도 하는 시대다.

건축사진은 그 존립 근거로 보면 건축주, 건축가, 건축사진가의 삼자적 관계 속에서 탄생한다. 이것이 의미하는 바는 건축사진이 그 관계성을 떠나서는 존립의 근거가 허물어진다는 것이다. 그 관계성을 좀 더 자세히 들여다보면, 건축사진을 의뢰하는 건축가와 이를 수행하는 건축사진가만 남는다. 완전한 자율이 허락되지 않는다. 이슈를 사진가의 관점으로 옮기면 거기에는 자율성을 보장받을 길이 열리게 되는데, 이제부터는 전적으로 스스로의 결정에 따를 수 있다. 여기서 대상과의 거리는 매우 중요한 의미를 갖는다. 세 가지 유형으로 대상과의 거리를 구분해보자.

먼저 근거리란 대상과의 거리가 아주 가까운 만큼 현실에 밀착된 상태다. 상대적으로 대상과 서로 연결된 상태로 서로의 호흡과 눈빛, 심지어 냄새까지도 섞일 것이다. 강렬한 현장감이 사진가의 지성에 감성적 영향을 줄 수 있겠다. 현장의 상황에 가장 가깝게 있다는 것은 자신이 보고 느낀 대로 사진적 표현이 가능하다는 점에서 이점이 있다.

원거리에서는 자신을 현실의 상황으로부터 격리시킬 수 있기 때문에 다소 관망적, 관념적이다. 심리적으로 안정적이며 관음증적 안락함마저 느껴질 수 있다. 현장에서 벌어지는 직접적인 일로부터 거리를 두기 때문에 객관적인 입장을 유지할 수 있다는 것이 장점이다. 논리적이며 이성적인 개념적 표현에 알맞은 거리이고, 나무를 보지 못하는 대신 숲을 볼 수 있다.

마지막으로 중거리는 방관자적 입장을 나타낸다. 사진적 표현에서는 어정쩡한 거리에서 비롯되는 심심한 사진이 주위의 시선을 사로잡기란 어렵다. 개념적인 표현도 서투르고, 말하는 것이 분명하지 않은 듯하다.

그러나 상황의 주변에서 보고 느끼는 것에 대해 냉정함을 유지할 수 있다. 경계인으로서의 시선은 현대의 시끄러운 아우성 속에서 침묵으로 작용할 수 있다.

사진목록

사진 전체 크레딧 ⓒ김재경

사진제목/건축가/건축사무소/위치
*철거(철거 예정) 또는 재개발되어 이전의 모습을 갖고 있지 않음

건축사진가 김재경의 현장 노트

셧 클락 건축을 품다

1판 1쇄 찍음 | 2013년 3월 14일
1판 1쇄 펴냄 | 2013년 3월 18일

지은이 김재경 | **펴낸이** 송영만
책임편집 강건모 엄초롱 김찬성
디자인 자문 최웅림 | **디자인** 김미정
마케팅 고승환 | **관리** 김동희

펴낸곳 효형출판
출판등록 1994년 9월 16일 제406-2003-031호
주소 413-756 경기도 파주시 교하읍 문발동 파주출판도시 532-2
전자우편 info@hyohyung.co.kr
홈페이지 www.hyohyung.co.kr
전화번호 031) 955 7600 | **팩스** 031) 955 7610

ISBN 978-89-5872-116-1 03540

값 14,000원